火龙果

病虫害防治原色图谱

郑 伟 主编

中国农业出版社
农村读物出版社
北 京

火龙果病虫害防治原色图谱

主　编　郑　伟

副主编　王　彬　张绿萍

编著者　郑　伟　王　彬　张绿萍　柏自琴
　　　　赵晓珍　李兴忠

前　言

　　火龙果又名红龙果、仙密果等，属仙人掌科（Cactaceae）三角柱属（*Hylocereus*）和西施仙人柱属（*Selenicereus*）植物，是一种果形优美、颜色鲜亮、风味细腻爽口、香气独特、有益于人类健康的新型水果，有很高的经济价值。

　　火龙果发展刚起步时，病虫害的发生相对较轻，但是近年来在集中连片种植的地块，火龙果的病虫害发生、流行有加剧的趋势，为了满足当前火龙果产业发展的需要，提高火龙果生产技术水平，促进火龙果产业健康发展，我们在总结多年的田间调查、科研试验、生产经验、技术服务的基础上，组织编写了这本《火龙果病虫害防治原色图谱》。全书介绍火龙果生长期侵染性病害11种和生理性病害2种，采后侵染性病害6种和生理性病害1种，虫害18种，以彩色照片展现火龙果病害症状和害虫的形态特征，辅以文字阐述其发生规律和防治方法，图文并茂，可为火龙果种植户、企业（合作社）、基层农技推广部门等提供参考，也可作为基层火龙果生产培训教材。

在编写过程中，编者参考了大量著作和文献，从而使本书更具科学性、实用性。特此向提供帮助的同行和朋友，以及参考文献作者表示衷心的感谢！

由于编者水平有限，书中不足之处在所难免，恳请各位同仁和读者批评指正。此外，农药种类繁多且更新较快，望读者在生产实践中适时加以更新。

目　录

第一章　火龙果主要病害及防控

一、生长期侵染性病害及防治方法

1.溃疡病

症状：火龙果溃疡病主要危害火龙果的枝条和果实。在田间，病原菌孢子入侵后，初期在枝条和果实表面形成圆形凹陷的褪绿病斑，继而分别形成典型的褐色和黑色溃疡斑，病斑凸起，扩大后相互粘连成片，部分病斑边缘呈水渍状。空气相对湿度大时病斑扩大，枝条和果实迅速腐烂；空气干燥时腐烂病枝干枯发白，在果实上形成黑色溃疡斑并开裂。发病后期在溃疡斑上形成针头大小的黑点（图1-1至图1-3）。

病原：火龙果溃疡病病原菌为新暗色柱节孢菌（*Neoscytalidium dimidiatum*）（图1-4）。菌丝黑褐色、分枝、有隔膜，脱节后形成节孢子。节孢子为单胞，无色透明，圆柱形、圆形或卵圆形，大小

图1-1　火龙果枝条感染溃疡病初期症状

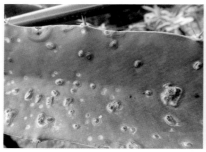
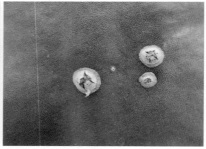

图1-2　火龙果枝条感染溃疡病后期症状

图1-3　火龙果果实发生溃疡病症状

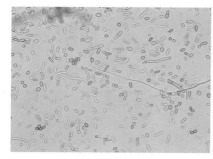

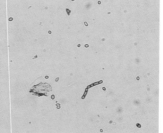

图1-4　火龙果溃疡病病原菌节孢子

为（2.11～7.37）微米×（5.26～12.63）微米。病原菌在寄主上产生分生孢子器，单生，球形；分生孢子单胞，无色透明，椭圆形或长椭圆形，大小为（5.50～9.91）微米×（10.50～16.31）微米。

发生规律：主要危害火龙果的枝条和果实，该病从植株抽生嫩芽到结果期间均可发病，3月下旬开始，病原菌繁殖迅速，6—9月高温多雨时期发病最为严重。发病始于幼嫩的枝条，侵染初期出现圆形凹陷的褪绿病斑，随后转为橘黄色，湿度增大后，病斑扩大，迅速腐烂，发病后期侵染部位呈灰白色凸起并逐渐形成溃疡斑，病斑直径可扩展至0.5厘米并产生黑色的分生孢子器。果实感病，发病初期表面及其鳞片均形成圆形凹陷的褪绿病斑，随后病斑逐渐转为橘黄色。如果雨水丰沛，病害将迅速蔓延整个果实，病部布满褐色的分生孢子器；如果天气干旱少雨，伴随着果实成熟，橘黄色病斑将转为灰白色溃疡斑，其上着生分生孢子器。火龙果溃疡病在高温高湿环境中易暴发，早春和初夏多雨，以及温暖、多雾、高湿、阴雨连绵、天气闷热时有利于发病。种植环境低洼积水、田间郁闭、湿度大、修剪粗糙、留枝过密、树势衰弱以及偏施氮肥或施用未充分腐熟的农家肥等情况下会增加发病率。火龙果溃疡病一年四季均有发生。

防治方法：

（1）保护无病区。目前我国火龙果的种植面积不断扩大，因此，在引种时应加强检疫工作，严格控制从病区向无病区调种引种；建立无病母本园，培育无病种苗。

（2）尽量选择沙质土壤，施肥应以有机肥为主，视土壤肥力条件施用钙肥、钾肥；开展果实套袋工作。

（3）减少田间病源。最主要的是清除病残体，发病的枝条可结合疏枝剔除，并且将病残体集中销毁或深埋。

（4）加强排水管理。夏季是多雨季节，高温高湿的环境容易造成溃疡病的发生，因此一定要做好排水工作。

（5）药剂防治。在发病初期可选用75%肟菌·戊唑醇水分散粒剂4 000～6 000倍液、25%吡唑醚菌酯悬浮剂1 200～1 500倍液、32.5%苯甲·嘧菌酯悬浮剂1 500～2 000倍液等进行喷雾，一般每隔7～10天喷1次，共喷2～3次。为了防止病原菌产生抗药性，不能长期单一地使用同一种杀菌剂，尽量轮换使用多种杀菌剂。

2.茎腐病

症状：病斑初期呈半透明浸润状，后期病部组织出现软腐状。潮湿情况下，病部流出黄色菌脓，发出腥臭味，并且蔓延至整个茎节，最后只剩茎中心的木质部（图1-5至图1-9）。

图1-5　火龙果种苗感染茎腐病症状

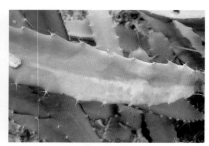

图1-6　火龙果茎腐病初期症状

图1-7　火龙果基部感染茎腐病症状

图1-8　火龙果茎腐病后期症状

图1-9　冬季低温过后受茎腐病危害严重的植株

病原：欧文氏菌属（*Erwinia* sp.），镜检组织中有细菌溢出。

发生规律：病原菌随病残体在土壤中越冬，翌年温、湿度适宜时从火龙果伤口侵入，借雨水、灌溉水、昆虫及病健枝接触或操作工具等传播，茎损伤及其他伤口都会使病原菌更易侵入。茎腐病一年四季均可发生，以冬末春初的1—3月和雨水较多的6—7月发生较重，当温度高、湿度大，尤其是土壤湿度大时发病严重。

防治方法：

（1）农业防治。发现病斑，应将病部及时刮除，并用杀菌剂消毒；采果后结合修剪，剪除病枝并做好清园工作；加强肥水管理，增强植株抗性。

（2）药剂防治。发病前选用50%氯溴异氰尿酸可溶粉剂1 000～1 500倍液喷洒全园，每隔7天喷1次，连喷2次。发现病斑后，及时刮除腐烂部分，使用细菌性杀菌剂喷洒，可选用47%春雷·王铜可湿性粉剂600～800倍液、4%春雷霉素水剂800～1 000倍液、3%噻霉酮可湿性粉剂800～1 000倍液，隔7～10天喷1次，连喷2～3次。

3.炭疽病

症状：火龙果炭疽病可发生在枝条表面及果实上，枝条初感染时，病斑为紫褐色，直径为0.5～2厘米，散生，凹陷小斑，后期扩大为圆形或梭形病斑，组织会发生病变，病斑转为淡灰褐色，呈同心轮纹排列，并出现黑色小点，凸起于枝条表皮。果实转色后才会被感染，一旦果实受侵染，会呈现凹陷及水渍状病斑，病斑呈淡褐色，会扩大而相互粘连（图1-10至图1-12）。

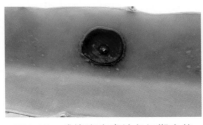
图1-10　感染炭疽病枝条初期症状

图1-11　感染炭疽病枝条后期症状

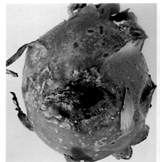

图1-12　火龙果果实感染炭疽病症状

病原：炭疽病病原菌为半知菌亚门腔孢纲黑盘孢目炭疽菌属（*Colletotrichum*）的平头炭疽菌（*C. truncatum*）和胶孢炭疽菌（*C. gloeosporioides*）。平头炭疽菌分生孢子盘盘状，有隔膜，成熟后不规则开裂，有刚毛，刚毛褐色。分生孢子镰刀形，无色，单胞，大小为（22.36 ～ 29.89）微米 ×（4.15 ～ 4.25）微米，常含有1 ～ 2个油球（图1-13）。PDA培养基上菌落生长圆形，呈莲花状，菌丝白色致密，菌落中心与边缘均有一圈黑色丝状物，即为刚毛。胶孢炭疽菌分生孢子盘盘状，成熟后不规则开裂，没有刚毛。分生孢子椭圆形，无色，单胞，大小为（12.09 ～ 16.57）微米 ×（4.30 ～ 6.09）微米，有的含有1 ～ 2个油球（图1-14）。PDA培养基上菌落生长圆形，菌丝白色或灰白色，较疏松。

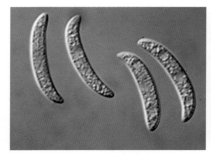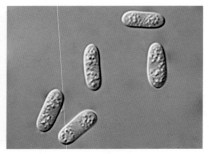

图1-13　镰刀形分生孢子　　　　　图1-14　椭圆形分生孢子

发生规律：火龙果炭疽病的发生、流行、危害有多种原因，主要与树势强弱、品种抗病性、田间管理、物候期、气候条件、菌源数量及果园的通风透光情况等有密切关系。

火龙果炭疽菌主要借助风雨或者昆虫活动传播，人为因素也有利于孢子飞散传播。病原菌在温度高、雨水多、湿度大等适合的环境中大量繁殖，从火龙果的气孔、皮孔等地方进入开始侵染，树势弱的植株容易感病，发病率随枝条位置不同而不同，老枝条和嫩梢发病相对较轻，一年生枝条发病比较严重。一年生枝条新陈代谢活动比嫩梢弱，同时一年生枝条表皮的蜡质层还没有完全形成，病原菌侵入概率增大，老枝的表面覆盖有厚厚的蜡质层，不利于病原菌侵染，减小了发病概率。

果园种植同一品种火龙果，炭疽病的危害较为严重；混搭不同品种火龙果，其发病率相对较轻。由此可知，多个品种混合栽培的果园比单一品种种植的果园发病率低。同时发现，不同品种的发病情况也有明显的差异。

新老果园种植环境相差较大。老果园里大量烂果烂枝经过多雨天气逐渐腐烂、病变。如果未能及时将病果和病枝清理出果园，在适宜的环境下，病原菌开始大量繁殖和积累，致使病原菌越冬基数变大，翌年危害更加严重。而在新果园中，由于病原菌积累较少，发病也较少较轻。

果园的管理制度不同、灌溉方式不同，炭疽病的发生也有很大差别。喷灌的果园与其他灌溉方式的果园相比发病严重，主要原因是喷灌使果园的空气相对湿度明显增大，为病原菌的繁殖创造了良好条件，导致病原菌的大量繁殖。果园采取冬季清理措施可降低发病率，果园里的杂草、病果等长时间不清理，炭疽病危害比较严重。

低温干旱不利于炭疽病发生。炭疽病主要发生在高温多湿的环境中，其最适发生温度为25℃。初夏多雨、温暖、高湿、阴雨连绵、天气闷热时有利于发病，果园低洼积水、田间郁闭、修剪粗糙、留枝过密、树势衰弱以及偏施氮肥等情况都会增加发病率。

防治方法：

（1）保护无病区，防止蔓延。随着火龙果种植面积的迅速扩大，火龙果病虫害也在逐渐增多，应加强检疫工作，禁止从病区向无病区调种引种；建立无病留种区域，选留无病菌种苗进行种植。

（2）种植和培育抗病优质品种。不同品种种苗抗病性差异较大，种植抗病品种是防治火龙果炭疽病最有效的技术措施之一。

（3）减少田间病菌残留。一是清除田间地头病残体，发病的枝条可结合疏果疏枝剔除，并且将病残体深埋或集中烧毁，如果发现感染炭疽病的植株，应立即剪除病斑并集中销毁；二是清理株行间的杂草。

（4）加强水肥管理。一是不能漫灌和长期喷灌，漫灌致使植株根系长期处在缺氧状态下，会导致其呼吸困难而死亡，喷灌大幅增加果园的空气相对湿度，有利于火龙果炭疽病发生；二是改变栽培方式，起垄栽培，建设果园排灌渠道，起垄栽培不仅可以促进根系生长，而且可以防止水淹；三是施足基肥，适时追肥，改变偏施氮肥、复合肥的习惯，最好施用已经完全腐熟的有机肥，不能施用未腐熟的土杂肥，适量增施磷、钾肥，调节树体营养结构，增强植株的抗病性。

（5）药剂防治。在发病初期选用45%咪鲜胺水乳剂1 000～1 500倍液、25%吡唑醚菌酯悬浮剂1 200～1 500倍液或32.5%苯甲·嘧菌酯1 000～1 500倍液交替喷施，视病情发生情况，隔7～10天防治1次，共防治3～4次。为了防止病原菌产生抗药性，应尽量采用农业防治和生物防治措施，减少农药使用次数，喷药时做到选药正确，多种药剂轮换使用。

4.黑斑病

症状：常发病于枝条边缘，初期枝条边缘褪色，后期枝条表面生黑色小斑点，并粘连成大斑，边缘有明显分界线（图1-15、图1-16）。

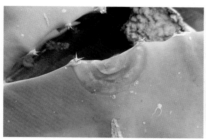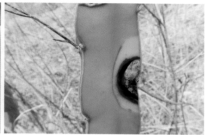

图1-15 火龙果枝条感染黑斑病前期症状

图1-16 火龙果枝条感染黑斑病后期症状

病原：链格孢属（*Alternaria* sp.）真菌属半知菌亚门丝孢目，其分生孢子多胞，常一端呈略粗钝圆状，另一端较细，在多胞中央的细胞常有分隔（图1-17）。

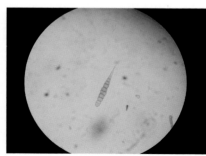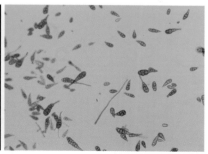

图1-17 黑斑病病原菌分生孢子

发生规律：病原菌以分生孢子和菌丝体形式在被害枝条上越冬。翌年春季借风雨传播，从气孔、皮孔或直接侵入寄主组织引起初侵染，发病后病原菌可在田间引起再侵染，在冬季持续低温时间较长的年份发生较重，湿度大时可加重病情，一般1－3月发生，在冬季温度不是太低或低温持续时间不长的情况下发生较轻。

防治方法：

（1）种植和选育抗病优质品种。种植抗病品种是防治火龙果黑斑病最经济有效的措施之一。

（2）减少田间病源。一是清除病残体，发病的枝条应及时修剪剔除，并且将病残体集中带到园外烧毁或深埋；二是清除株行间的杂草，降低田间湿度，减少发病。

（3）加强水肥管理。一是避免漫灌和长期喷灌；二是起垄栽培，在初建园种植时就应起垄，因为起垄栽培既可以防止水淹，又可以促进根系生长，有利于植株健康生长；三是施足基肥，适时追肥，最好施完全腐熟的有机肥，增施磷、钾肥，提高植株的抗病性。

（4）药剂防治。火龙果黑斑病主要在冬季发生，因此在寒潮到来前先喷1次80%克菌丹水分散粒剂600～1 200倍液、25%吡唑醚菌酯悬浮剂1 000～2 000倍液或62.25%锰锌·腈菌唑可湿性粉剂600～750倍液，可减少和预防黑斑病的发生。如已发现病斑，则每隔7～10天喷1次，共喷2～3次。

5.枯萎病

症状：火龙果植株枝条失水褪绿变黄萎蔫，随后逐渐干枯，直至整株枯死，枯萎病症状最早出现在植株中上部的分枝节上，起初是茎节的顶部发病，然后向下扩展。潮湿情况下，病株上生有粉红色霉层（图1-18）。

病原：病原菌为尖孢镰刀菌（*Fusarium oxysporum*）（图1-19）。

发生规律：病原菌在病残体或土壤中越冬，翌年春季气温回升后开始繁殖，再借雨水进行传播，从植株的伤口侵入。早春和

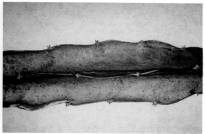

图1-18 火龙果枝条感染枯萎病症状

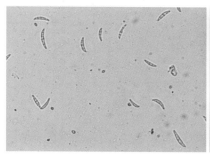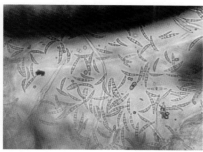

图1-19 枯萎病病原菌分生孢子

初夏多雨天气有利于枯萎病的发生和传播，火龙果园低洼积水、郁闭潮湿有利于枯萎病的发生。

防治方法：

（1）秋冬季采收后及时清园，将病部带出田间烧毁或者深埋，从而减少病原菌；在生长期发病要及时清除病株、剪除病枝，带出果园深埋处理。

（2）要做好果园的灌溉和排水工作，施足基肥，适时追肥，尽量选择腐熟的有机肥或农家肥，增施磷、钾肥，提高植株的抗病能力。

（3）在进行修剪时，切勿造成更多伤口，以免为病原菌入侵创造条件。

（4）药剂防治。在发病初期选用25%吡唑醚菌酯悬浮剂1 200～

1 500倍液、75%肟菌酯·戊唑醇水分散粒剂4 000 ~ 6 000倍液或40%肟菌·咪鲜胺水乳剂2 000 ~ 2 500倍液，每隔10 ~ 14天喷1次，共喷3次。

6.茎枯病

症状：植株枝条茎边缘形成灰白色的不规则病斑，病斑上着生许多小黑点，病斑凹陷，并逐渐干枯，最终形成缺口或孔洞，多发生于中下部茎节上（图1-20）。

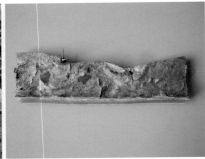

图1-20　火龙果枝条感染茎枯病症状

病原：有性态，球腔菌属（*Mycosphaerella* sp.），属子囊菌亚门腔菌纲座囊菌目座囊菌科；无性态，茎点霉属（*Phoma* sp.）（图1-21、图1-22）。

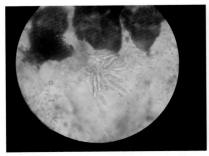
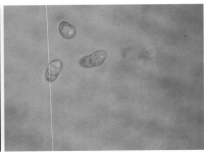

图1-21　茎枯病病原菌有性态孢子

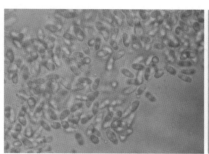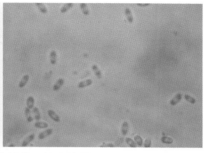

图1-22 茎枯病病原菌无性态孢子

发生规律：病原菌在病枝上越冬，翌年3月温度达到5℃时，病原菌开始活动，15℃时散发孢子侵染火龙果肉质茎，其发病适温为20～30℃。分生孢子器随雨水滴溅或空气传播进行再侵染。病害发生部位是火龙果枝条。开始时出现乳白色小斑点，以后逐渐扩大成不规则形病斑，无明显边缘，稍凹陷，边缘黄色，中央灰白色，上面附着黑色小点。一般从4月上旬开始发病，5月中旬至7月中旬为发病盛期，此时正值火龙果开花期，由于气温升高，加上雨季来临，给病害发生创造了非常有利的条件，使病害在田间迅速蔓延造成病害大发生。11月下旬以后进入越冬阶段。全年发病高峰期是6月末至7月初，田间病株率达20%以上，对火龙果生产造成严重影响。茎枯病的流行与降雨、风向有密切关系。雨水溅沾的传染距离较近，是初期的侵染途径。空气传染是大面积发病的主要原因，田间的蔓延方向和发病速度常受风向的影响。地势低洼、土质黏重的地区发病情况重于地势高的沙质壤土地区，另外，偏施氮肥也会促使发病严重。不同品系的火龙果感病情况也不同，红肉品系易感病，而白肉品系和粉红色果肉品系较抗病。

防治方法：

（1）做好冬季清园工作，清除病残体，及时修剪发病枝条。

（2）施足基肥，适时追肥，增施磷、钾肥，提高植株的抗病能力。

（3）及时清除田间杂草，降低田间湿度，减少发病情况。

（4）药剂防治。在发病初期选用30%苯甲·嘧菌酯悬浮剂1 500 ～ 2 000倍液、75%肟菌酯·戊唑醇水分散粒剂4 000 ～ 6 000倍液或16%多抗霉素可溶粒剂4 000 ～ 5 000倍液，每隔10 ～ 14天喷1次，共喷3次，对防治火龙果茎枯病有着良好的效果，可在生产上推广应用，但不能长期使用同一种农药，以防病原菌产生耐药性，应选几种农药交替使用。

7.茎斑病

症状：火龙果枝条发病时组织失水干枯，病斑连接成片，呈不规则形，稍凹陷。枝条发病部位早期呈灰白色，边缘淡黄色，后期有小黑点（载孢体）生成，载孢体生于表皮下，后突破表皮外露（图1-23、图1-24）。

图1-23　火龙果枝条感染茎斑病症状

图1-24　火龙果果实感染茎斑病症状

病原：茎斑病病原菌属半知菌亚门的黏隔孢属（*Septogloeum* sp.）（图1-25）。

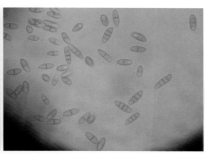

图1-25 火龙果茎斑病病原菌分生孢子

发生规律：病原菌主要靠枝条发病部位上的分生孢子盘越冬，翌年春季当温湿度适宜时，分生孢子盘上重新产生分生孢子，借风、雨、昆虫等传播到新的肉质茎上引起初侵染，若发病条件适宜，可以多次循环侵染，造成病害大发生。一般病原菌孢子入侵后8～10天即出现病斑，再过4～5天，病斑上又产生黑点，形成大量的分生孢子，引起再次侵染。在整个火龙果生长季节内，如果气候条件合适，即可引起多次再侵染，不断扩大危害，甚至发生病害流行。高温多湿条件最有利于火龙果茎斑病的发生，其中多湿是发病的主要原因。田间郁闭、通风透光差、偏施氮肥以及培肥管理差的火龙果园发病较重。火龙果茎斑病的发生与火龙果品系的抗性也有很大的关系，红肉品系火龙果易感病，而白肉品系和粉红肉品系相对抗病。一般年份4月初开始发病，6月中旬至7月初为发病高峰期，7月以后缓慢下降。

防治方法：

（1）清除病残体，发病的枝条应及时修剪剔除。

（2）施足基肥，适时追肥，最好施用完全腐熟的有机肥，增施磷、钾肥，提高植株的抗病性。

（3）清除株行间的杂草，降低田间湿度，减少发病情况。

（4）药剂防治。在发病初期选用30％苯甲·嘧菌酯悬浮剂
1 500 ～ 2 000倍液、30％苯甲·丙环唑悬乳剂1 000 ～ 2 000倍液
或25％腈菌唑乳油1 000 ～ 1 500倍液，每隔7 ～ 10天喷1次，共
喷3次，可达到较好的防治效果。

8.黑腐病

症状：主要危害火龙果果实，
果实感病初期产生水渍状斑点，后
逐渐扩大并开始腐烂，形成圆形或
不规则形病斑，后期果实开裂，上
生一层黑色霉层。带有伤口的果实
易感病（图1-26）。

病原：黑腐病病原菌为半
知菌亚门丝孢纲丝孢目平脐蠕孢
属（*Bipolaris*）的仙人掌平脐蠕
孢（*B. cactivora*）。分生孢子梗丛
生，大小为（16.35 ～ 28.50）微

图1-26　火龙果黑腐病田间危害状

米×（3.55 ～ 8.75）微米，基部细胞膨大（图1-27）。分生孢子单
生，褐色，梭形，多数直，偶有弯曲，具1 ～ 5个隔膜，大小为
（41.03 ～ 70.89）微米×（9.47 ～ 10.49）微米，脐点基部平截，稍
凸出（图1-28）。PDA培养基上菌落生长圆形，正面灰褐色，背面
黑褐色。菌丝灰褐色疏松。

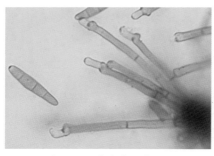

图1-27　火龙果黑腐病病原菌分生孢子梗

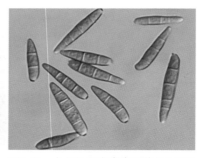

图1-28　火龙果黑腐病病原菌分生孢子

发生规律：火龙果黑腐病主要借助风雨或者昆虫传播，人为因素也能导致孢子飞散传播，病原菌从火龙果果实的气孔、皮孔等地方进入开始侵染。低温干旱不利于发病，病害主要发生在高温多湿的环境中。夏秋季节多雨、温暖、高湿、阴雨连绵、天气闷热时有利于发病，果园低洼积水、田间郁闭、修剪粗糙、留枝过密、树势衰弱以及偏施氮肥等情况都会增加发病率。

防治方法：

（1）加强火龙果果园栽培管理，施足基肥，增施磷、钾肥，提高植株抗病性。

（2）及时摘除病果，结合修剪和冬季清园消灭越冬菌源。

（3）药剂防治。高温多雨天气适时喷施农药，可选用45%咪鲜胺水乳剂2 500～3 000倍液、10%苯醚甲环唑水分散粒剂2 500～3 000倍液、12.5%腈菌唑乳油2 500～3 000倍液。

9.软腐病

症状：病害主要发生在成熟果实或采后贮藏期内有伤口的果实上，发病初期果实表面产生一个水渍状病斑，然后逐渐扩大，并开始腐烂流汁，最后整个果实全部感病腐烂，上生灰黑色霉层。此病极易感染其他健康果实（图1-29）。

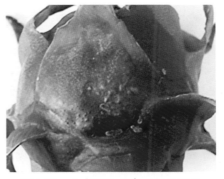

图1-29 火龙果软腐病田间危害状

病原：软腐病病原菌属接合菌亚门接合菌纲毛霉目根霉属（*Rhizopus*）真菌。菌丝发达，无隔膜。孢囊梗直立，暗褐色，顶端产生单生的孢子囊，孢子囊褐色球形，内有大量的孢囊孢子。孢囊孢子灰色，单胞，球形或卵形，大小为（5.35～14.25）微米×（7.5～8.35）微米。PDA培养基上菌落生长迅速，正面灰黑色，背面灰色。菌丝灰黑色疏松（图1-30）。

发生规律：病原菌主要在病残体上越冬，成为翌年的侵染源。湿度与发病关系最为密切。多雨潮湿或土壤含水量过多有利于病原菌的繁殖、传播和蔓延，会造成该病的暴发流行。温度也是影响火龙果软腐病发生的极重要因素。火龙果软腐病一般在果实成熟期开始发病，6月下旬至11月上旬均可发病。

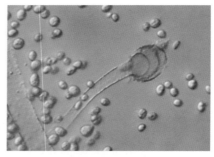

图1-30　火龙果软腐病病原菌孢子囊和孢囊孢子

防治方法：

（1）加强火龙果果园管理，低洼地块做好排水工作，避免田间湿度过大。

（2）及时摘除病果，减少侵染源。

（3）对果实进行套袋，能明显减少发病；采果入库冷藏果时剔除伤、病果，可大大减轻贮藏期软腐病的发生。

（4）药剂防治。适时喷施农药，可选用30%肟菌·戊唑醇悬浮剂1 000～1 500倍液、10%苯醚甲环唑水分散粒剂2 500～3 000倍液、30%苯甲·丙环唑乳油1 500～2 000倍液。

10.赤斑病

症状：该病可危害火龙果的枝条和果实。植株感病后初期病斑呈红色或褐色，圆形或近圆形，少数不规则形，稍凹陷，外缘有黄色晕圈，病健交界明显，严重时可呈现褐色坏死斑（图1-31）。

病原：赤斑病病原菌为半知菌亚门壳霉目球黑孢菌（*Nigrospora sphaerica*）。分生孢子单生，单胞球形、近球形，黑色，表面光滑，直径12.7～18.3微米。分生孢子梗黑褐色，光滑，具2～3个隔膜，较粗短，大小为（8.4～20.4）微米×（7～11.3）微米。

发生规律：病原菌以分生孢子和菌丝体形式在被害枝条上越

图1-31　火龙果枝条感染赤斑病症状

冬，翌年春季借风雨传播，从气孔、皮孔或直接侵入寄主组织引起初侵染，发病后病原菌可在田间引起再侵染，在冬季低温时发生较重，湿度大时可加重病情，全年均可发生。

防治方法：

（1）种苗检查。选苗的时候要选无病害健壮的苗，从源头杜绝带有病原菌的枝条进入果园内。

（2）及时清园。一是清除病枝枯枝，并且带到园外销毁或深埋；二是清除果园杂草，降低田间湿度，减少发病情况。

（3）加强水肥管理。火龙果园最怕积水，因此在初建园种植时就应挖好排水沟或起垄栽培，这样既可以防止水淹，又可以促进根系生长，有利于植株健康生长。火龙果园要施足基肥，适时追肥，对火龙果施肥应以有机肥为主，视土壤肥力条件施用钙肥、钾肥等，可以增加火龙果枝条蜡质层厚度，提高抗病性。

（4）药剂防治。发病初期可选用25%吡唑醚菌酯悬浮剂1 000 ～ 2 000倍液、10%苯醚甲环唑水分散粒剂2 500 ～ 3 000倍液或62.25%锰锌·腈菌唑可湿性粉剂600 ～ 750倍液，每隔7 ～ 10天喷1次，共喷2 ～ 3次，可减少和预防赤斑病的发生。

11.病毒病

症状：田间感病症状多出现在枝条表皮上，常有淡黄绿色褪色斑点、嵌纹、绿岛型病症或环状病斑，易被其他病菌感染腐烂（图1-32）。

图1-32　火龙果枝条感染病毒病症状

病原：仙人掌病毒X（*Cactus virus X*）。

发生规律：火龙果大多数采用无性繁殖，每一段枝条皆能扦插成种苗使用，病毒病容易借种苗传播，一年四季均可发生，夏季发生较多。

防治方法：

（1）在新建果园时挑选无病毒苗，从根本上切断植株患病毒病的风险。

（2）火龙果病毒病借蚜虫、蓟马、粉虱等传播，因此应做好蚜虫、蓟马、粉虱的防控工作，防止病毒病蔓延。

（3）药剂防治。用菇类蛋白多糖（或香菇多糖）加辛菌胺醋酸盐防治，每7～10天喷1次，连续喷2～3次，以钝化病毒，削弱病毒活性，抑制病毒繁殖。

二、生长期生理性病害及其预防

1.低温引起的冷害

症状：在冬季温度低于5℃时，火龙果枝条会发生不同程度的扩散性冷害症状，形成大量砖红色病斑，病斑凸起，着生于枝条表层、蜡质层内层，后期病斑扩大而相互粘连成片（图1-33）。当外界气温处于0℃以下时，火龙果成熟枝条可能遭受冻害，冻害引起火龙果组织脱水而结冰，老枝条可能出现组织伤害或死亡。当气温回升时，部分受害枝条会呈水渍状，需要及时修剪，以免腐烂（图1-34、图1-35）。

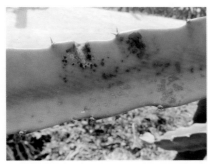

图1-33　火龙果冻伤产生的红斑

图1-34　火龙果嫩枝受冷害症状　　　　图1-35　火龙果老枝受冷害症状

预防措施：

（1）覆盖法。冬季降温前，用塑料薄膜、稻草或其他秸秆覆盖防霜冻，可连片搭架或单株搭架进行防寒，架要略高于树冠，覆盖物尽可能少接触枝条为好，待气温回升稳定后再撤除覆盖物，以防止高温高湿导致枝条腐烂。

（2）冬季水分管理。冬季要控制土壤水分，11月至次年2月，应减少灌水次数，促使火龙果枝条含水量下降，减少冷害的发生。

（3）熏烟防寒。低温来临前用稻草、秸秆、谷壳、锯末等在火龙果园内熏烟，每亩*放4～6堆，均匀分布在果园的各个部位，使浓烟覆盖全园，减少辐射散热，提高果园内的温度，减轻冻害程度。熏烟宜选在晴朗无风的夜晚为好。

2.日灼

症状：火龙果日灼是常见的生理性病害，主要发生在火龙果枝条上，枝条受日灼后叶绿素逐步分解，枝条颜色变淡或发黄，严重时枝条枯缩、表面木栓化，光合作用受影响，从而影响火龙果产量和质量（图1-36、图1-37）。

图1-36　火龙果果园轻度日灼

图1-37　火龙果果园严重日灼

＊　亩为非法定计量单位，1亩≈667米²。——编者注

发生原因：火龙果枝条日灼的发生与枝条表面温度直接相关，干旱缺水的季节，枝条受到烈日直接持续暴晒，温度过高，当表面达到一定的温度时，则会发生严重灼伤。因此，日灼的发生与枝条耐热性密切相关，其症状轻重受天气、土壤条件、生长位置、水肥条件直接影响。一般而言，土壤瘠薄、土层浅、土壤含水量低的症状重；抗旱性差、树势弱的症状重；喷布高浓度农药的和在烈日高温下喷布农药的症状重。

预防措施：

（1）夏季根据天气合理给火龙果园浇水，在果实生长发育期，天气晴朗时每3～5天浇1次水，保持水分供给均衡，避免长时间不浇水造成火龙果枝条发生日灼。

（2）果园多施有机肥，增强树势，在生产上，过量施用氮肥或以施用化肥为主的果园日灼发生率高于主要用农家肥的果园。

（3）7—8月在火龙果树上覆盖遮阳网，可大大减少日灼的发生。

（4）在火龙果园进行行间生草，可以很好地降低果园微环境的温度。

三、采后病害及防控

（一）火龙果采后主要侵染性病害

侵染性病害是由于不同的病原菌侵染危害所致，根据真菌侵染过程分为潜伏侵染和采后侵染。潜伏侵染是指病原菌侵入到植物寄主组织后由于植物体内抗性物质的存在受到抑制，暂时无任何症状出现，采后环境条件适宜时才显现出病害症状的侵染。采后侵染是指果实由于采收、贮运、出售等环节造成机械损伤，各类病原菌的孢子极易黏附在伤口处，迅速侵入和扩展到果实内部组织中，造成果实腐烂的一种侵染。

火龙果采后主要病害有8种，致病病原菌14种，8种采后病害分别为镰刀菌果腐病、炭疽果腐病、仙人掌平脐蠕孢果腐病、桃吉尔霉果腐病、链格孢果腐病、节革孢果腐病、根霉果腐病、可可球二孢菌焦腐病，下文阐述火龙果采后部分病害症状、病原菌种类、发生规律等。

1. 镰刀菌果腐病

（1）尖孢镰刀菌果腐病。

症状：感染初期，形成圆形、凹陷、褐色且边缘清晰的病斑，随后病斑逐渐扩大，中间着生白色菌丝，果实褐变软腐（图1-38）。

病原：尖孢镰刀菌（*Fusarium oxysporum*）属半知菌类丝孢纲从梗孢目瘤座孢科镰刀菌

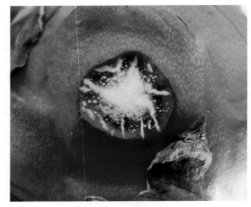

图1-38　尖孢镰刀菌引起的症状

属。该菌的生长温度为15～35℃，最适生长温度为25℃，致病能力强；低于15℃或高于35℃其致病力明显降低，低于5℃或高于45℃条件下不能够致病。在PDA培养基上，菌落絮状凸起，菌丝白色致密。菌落白色、浅粉色至肉色，略带有黄色。菌落高3～5毫米，产生3种分生孢子，小型分生孢子着生于单生瓶梗上，常在瓶梗顶端聚成球团，单胞，卵形或肾脏形等，长假头状着生，大小为（4～7）微米×（2.5～4.0）微米；大型分生孢子镰刀形，少许弯曲，两端细胞稍尖，多数为3个隔膜，大小为（27～46）微米×（3.0～4.5）微米；厚垣孢子近球形，表面光滑，壁厚，间生或顶生，单生或串生，对不良环境抵抗力强（图1-39、图1-40）。

（2）层生镰刀菌果腐病。

症状：感病初期，果皮表面褪色，随后形成黄褐色、凹陷且边缘清晰，着生白色致密绒毛状微生物的病斑（图1-41）。

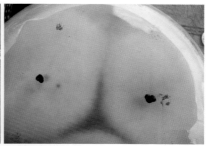

图1-39 尖孢镰刀菌菌落形态

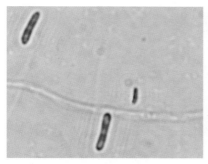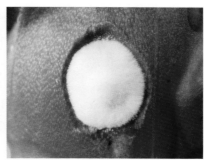

图1-40 尖孢镰刀菌分生孢子　　　图1-41 层生镰刀菌引起的症状

病原：层生镰刀菌（*Fusarium proliferatum*）属半知菌类丝孢纲从梗孢目瘤座孢科镰刀菌属。该菌丝在5～35℃的温度下均能生长，适宜生长温度为25～28℃，当温度低于5℃或高于35℃时，菌丝生长明显受抑制，低于10℃或高于40℃，停止生长，致死温度为60℃（10分钟）。菌丝在 pH 2～10 的条件下均能生长，适宜pH为6～7。分生孢子在0～40℃的温度下均能萌发，适宜萌发温度为28～30℃，在pH为2.5～10.9的条件下均能萌发，适宜pH为7.0～8.0。

在PDA培养基上菌落凸起，菌丝发达、白色致密、棉絮状，菌丝能产生紫红色色素，菌落初生为白色，后为紫红色，产生小型分生孢子和大型分生孢子，其中小型分生孢子产生快、量大，呈长椭圆形或一端尖细、一端圆钝，具2～4个隔膜，内含数个油球，大小为（16.5～26.4）微米×（3.3～4.9）微米；大型分生孢子少，偶尔可见，纺锤形或镰刀形，稍弯曲，具3～10个隔膜，大小为（17.5～47.5）微米×（3.5～5.5）微米（图1-42、图1-43）。

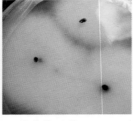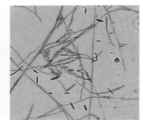

图1-42　层生镰刀菌菌落形态　　图1-43　层生镰刀菌分生孢子

（3）木贼镰刀菌果腐病。

症状：在感病火龙果果皮上形成黄褐色病斑，病斑凹陷且边缘清晰，果实褐变软腐，病部产生白色霉状物（图1-44）。

病原：木贼镰刀菌（*Fusarium equiseti*）属半知菌类丝孢纲从梗孢目瘤座孢科镰刀菌属。该菌丝在10～35℃条件下均能生长，适宜生长温度为25～30℃；大于35℃时，生长受限制，低于5℃时，基本停止

图1-44　木贼镰刀菌引起的症状

生长；致死温度为50℃（10分钟）。光照条件有利于病原菌生长，容易产生大量分生孢子。该菌在pH为4～11时均能正常生长，适宜pH为8～11。

在PDA培养基上菌落为圆形，菌丝发达，初生菌丝为白色、致密、棉絮状，后期呈淡黄色，背面呈肉粉色。大型分生孢子纺锤形或镰刀形，两端狭细，椭圆状弯曲，顶端细胞均匀地逐渐狭细，平直或稍弯曲，基部有明显的足胞，具有3～7个隔膜，多

数为 3 ～ 5 个，大小为（7.2 ～ 33.2）微米 ×（2.0 ～ 4.8）微米；小型分生孢子椭圆形或长矩圆形，较少，分生孢子梗短；厚垣孢子间生或顶生，成串或呈结节状（图 1-45、图 1-46）。

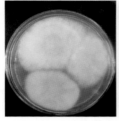
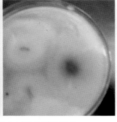

图 1-45　木贼镰刀菌菌落形态　　　　图 1-46　木贼镰刀菌分生孢子

（4）单隔镰刀菌果腐病。

症状：在感病火龙果果实表面形成圆形、暗黄色、水渍状病斑，病斑凹陷且边缘清晰，随后病部褐变软腐，病斑部位有白色绒毛状物（图 1-47）。

病原：单隔镰刀菌（*Fusarium dimerum*）属半知菌类丝孢纲丛梗孢目瘤座孢科镰刀菌属。该菌在 10 ～ 35℃ 温度下均能生长，适宜生长温度为 25 ～ 35℃，最适温度

图 1-47　单隔镰刀菌引起的症状

为 30℃，适宜产孢温度 25 ～ 35℃，10 ～ 15℃ 生长缓慢，低于 5℃ 或高于 40℃ 停止生长。在 PDA 培养基上菌落呈橘黄色，气生菌丝体初为白色，后形成致密的淡黄色气生菌丝，绒毛状，在培养基中分泌黄色至橘黄色色素。大型分生孢子短，中等偏窄，两端稍尖，顶细胞弯曲，多数单个隔膜；小型分生孢子椭圆形、新月形，无色透明，有的孢子中央有油滴，大小为（7.0 ～ 22.0）微米 ×（2.5 ～ 3.5）微米，产孢方式为单瓶梗式；厚垣孢子球形，在菌丝间串生，表面光滑，直径 8 ～ 12 微米（图 1-48）。

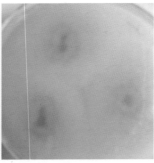

图1-48　单隔镰刀菌菌落形态

（5）变红镰刀菌果腐病。

症状：感病初期在火龙果果实表面形成褐色、边缘清晰、略凹陷的小病斑。后期病斑逐渐蔓延至整个果实，形成褐色大病斑，部分病变区域有白色绒毛状物产生（图1-49）。

病原：变红镰刀菌（*Fusarium incarnatum*）属半知菌类丝孢纲从梗孢目瘤座孢科镰刀菌属。该菌在5～35℃条件下均能生长，

图1-49　变红镰刀菌引起的症状

25～30℃有利于菌丝生长，30℃菌丝生长最快，20～25℃有利于产孢，20℃产孢量最大，菌丝致死温度为61℃（10分钟），分生孢子致死温度为56℃（10分钟）。该菌在PDA培养基上生长迅速，菌落圆形，产生大量气生菌丝，初期菌丝白色绒毛状，后期菌丝颜色则变为浅黄色。分生孢子梗在气生菌丝上形成，顶端可产生分生孢子。大型分生孢子镰刀形，向两端逐渐变细，具有明显足胞，具3～5个隔膜，大小为（21.12～33.39）微米×（3.64～6.23）微米；中型分生孢子纺锤形，具3～5个隔膜，大小为（8.36～13.25）微米×（2.25～4.89）微米；小型分生孢子椭圆形，无隔膜，大小为（4.25～9.98）微米×（1.56～3.13）微米（图1-50）。

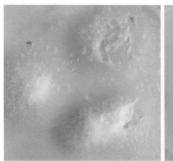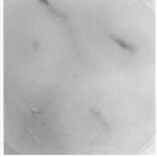

图1-50 变红镰刀菌菌落形态

2.炭疽果腐病

（1）平头炭疽菌果腐病。

症状：发病初期，在果皮及其鳞片上出现污黄色、水渍状的小斑点，圆形，病斑扩大后，边缘呈污黄色至黄褐色水渍状，中央黑色布满许多小颗粒（图1-51）。

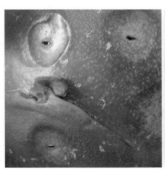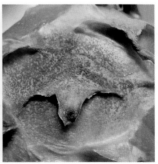

图1-51 平头炭疽菌引起的症状

病原：平头炭疽菌（*Colletotrichum truncatum*）属半知菌类腔孢纲黑盘孢目炭疽菌属。该菌菌丝生长的适宜温度为20～30℃，产孢适宜温度为25～35℃，最适生长和产孢温度为30℃，致死温度为60℃（10分钟）。菌丝适宜生长pH为4～9，最适pH为

8，产孢适宜pH为4～7，最适产孢pH为4。连续光照和光暗交替有利于菌丝生长，黑暗则有利于该菌产孢。在PDA培养基上，该菌菌落圆形，边缘整齐，初期灰白色、绒毛状，后期为深灰色至墨绿色，菌丝暗灰色，菌落轮纹较清晰，表面分散许多小颗粒即分生孢子盘及分生孢子，培养后期出现橘红色孢子堆。菌核不规则，表面为黑色，内部浅褐色，组织紧密。分生孢子盘椭圆形或扁圆形、黑褐色。分生孢子盘具刚毛，刚毛黑褐色，顶端色浅，较尖，基部无明显膨大。分生孢子梗棒状。分生孢子无色，镰刀形，两头钝尖，单胞，有油滴，大小为（17.14～26.91）微米×（2.43～5.49）微米。附着胞褐色，近圆形、扁球形、棒形或不规则形，大小为（6.9～11.3）微米×（4.5～6.4）微米。

（2）胶孢炭疽菌果腐病。

症状：成熟果实后期转色过程中感染发病。一旦果实受感染，会出现淡褐色、凹陷的水渍状病斑，病斑逐渐扩大，相互粘连成大斑。后期病部产生黑色小颗粒和橘红色的黏状物，即分生孢子盘和分生孢子堆。

病原：胶孢炭疽菌（*Colletotrichum gloeosporioides*）属半知菌类腔孢纲黑盘孢目炭疽菌属。分生孢子盘埋生，盘上产生许多根棒状、无色的分生孢子梗，孢子梗顶端细胞膨大，产生分生孢子。分生孢子长椭圆形或呈一端稍窄的短棒状，无色，单胞，内含数个油球，孢子大小为（9～26）微米×（3.5～6.7）微米。

（3）辣椒炭疽菌果腐病。

症状：初为水渍状斑点，病斑逐渐扩大，圆形凹陷。干燥时病斑边缘灰白色，中间淡灰色至黑色，病斑上着生有小黑点即分生孢子盘。潮湿时病斑表面溢出红色黏稠物。

病原：辣椒炭疽菌（*Colletotrichum capsici*）属半知菌类腔孢纲黑盘孢目炭疽菌属。分生孢子盘褐色，直径115～260微米。盘上密生刚毛，多者可达50根以上，黑色，顶端渐尖，基部无明显膨大。产孢细胞圆柱形，瓶体式产孢。分生孢子无色、镰刀形，顶端钝状，基部窄，大小为（21～27）微米×（2.8～4.0）微米。附着胞褐色、椭圆形。

3.仙人掌平脐蠕孢果腐病

症状：初期在火龙果果实表面形成褐色圆形病斑，并逐渐扩大形成边缘清晰、略凹陷的褐色大病斑。后期病斑扩大、软腐，呈水渍状，并形成大量暗灰色绒毛状霉层（图1-52）。

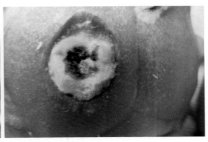

图1-52　仙人掌平脐蠕孢引起的症状

病原：仙人掌平脐蠕孢（*Bipolaris cactivora*）属半知菌类丝孢纲丛梗孢目暗色菌科平脐蠕孢属。该菌的适宜生长温度为25～35℃，最适温度为30℃，低于5℃或高于40℃菌丝停止生长。产孢适宜温度为18～25℃，最适温度20℃，低于10℃不产孢，致死温度为70℃（10分钟）。菌丝适宜生长pH为5～10，最适pH为5，产孢最适pH为8。光照对菌丝生长无显著影响，黑暗条件有利于产孢。在PDA培养基上，初期菌落为圆形，绒毛状，边缘整齐。气生菌丝白色，成熟后变为暗绿色。分生孢子梗丛生或散生，直或稍弯曲，呈褐色，分支或合轴式延伸，具隔膜，内壁芽生式产孢，大小为（11.70～323.10）微米×（2.24～7.09）微米。分生孢子纺锤形、菱形、椭圆形或倒棍棒状，表面光滑，直或弯曲，褐色，具1～5个假隔膜，多数2～3个，不缢缩，顶部细胞较小，基部脐点略凸出或不明显，从两边细胞萌发出芽管，大小为（12.16～46.96）微米×（5.05～10.58）微米（图1-53、图1-54）。

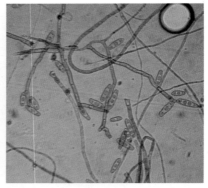

图1-53　仙人掌平脐蠕孢菌落形态　　　图1-54　仙人掌平脐蠕孢分生孢子

4.桃吉尔霉果腐病

症状：果实在田间就可能被侵染，病原菌潜伏在果皮中，产生孢子借助风力进行传播，也能借助昆虫进行孢子传播，对火龙果具有较强的侵染能力，在条件适宜的情况下迅速发病，并快速侵染周边果实。发病初期出现深红色、水渍状、软腐、无凹陷病斑，随即水渍状病斑迅速扩展，后期病斑蔓延至整个果实，大部分病变区域长出大量白色菌丝体和深褐色孢子囊（图1-55）。

图1-55　桃吉尔霉引起的症状

病原：桃吉尔霉（*Gilbertella persicaria*）为接合菌门接合菌纲双霉目白锈科吉尔霉属。该菌在15～37℃条件下能生长，最适温度为32℃，低于10℃或高于40℃不能生长；pH为3.0～11.0条件下能生长，最适pH为5.0；连续光照更有利于菌丝生长。该菌在PDA培养基上生长迅速，菌落圆形，菌丝浓密，无假根和匍匐菌丝，有大量黑色点状孢子囊，气生菌丝发达，无隔膜。孢囊梗暗褐色至浅褐色，多数直立，少数弯曲，具1～2个分枝，多数为1个分枝。孢囊梗顶端产生1个孢子囊，球形，黑褐色，直径90.00～133.81微米，平均110.57微米；囊轴球形，无色，直径为47.30～73.04微米，平均65.12微米。孢囊孢子浅褐色至褐色，球形或短椭圆形，球形孢囊孢子直径6.38～10.03微米，平均8.21微米，短椭圆形孢囊孢子大小为（6.01～11.25）微米×（5.28～9.42）微米，平均8.61微米×7.65微米（图1-56、图1-57）。

图1-56 桃吉尔霉菌落形态

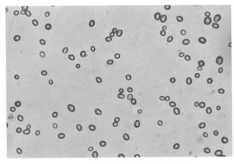

图1-57 桃吉尔霉分生孢子

5.链格孢果腐病

症状：感病初期在果面上形成褐色圆形或近圆形斑点，逐渐扩展蔓延成大病斑，稍凹陷，软腐，水渍状，边界清晰，感病中心着生灰白色绒毛状菌丝，后期病部表面产生黑色霉层，即分生孢子梗和分生孢子（图1-58）。

病原：链格孢（*Alternaria* sp.）属半知菌类丝孢纲丝孢目暗色菌科链格孢属。该菌菌丝

图1-58 链格孢引起的症状

在5～35℃条件下均可生长，最适温度为28℃，低于20℃或高于30℃生长受限，低于5℃或高于40℃对菌丝生长不利，致死温度为

55℃（10分钟）。光照对菌丝生长的影响不大。在PDA培养基中菌落呈圆形，初期菌落灰白色，后期菌落呈灰色至暗青褐色，培养基底面为黑色，菌丝或气生菌丝发达。分生孢子梗直立、分枝或不分枝，淡橄榄褐色至绿褐色，有屈曲，顶端常扩大而具多个孢子痕。分生孢子单生或串生，卵形、倒棒状、梨形或椭圆形，形状变化较大，褐色或深褐色，表面光滑或有瘤，有横隔膜1～6个，纵隔膜0～5个，有的呈网状分隔。孢子长8.0～62.0微米，宽4.0～19.0微米，有的孢子有2.0～20.0微米圆柱状假喙，部分孢子的假喙有分枝。孢子链约由5个孢子所组成（图1-59、图1-60）。

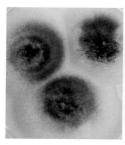
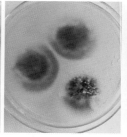
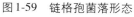
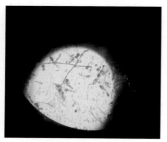

图1-59　链格孢菌落形态　　　　图1-60　链格孢分生孢子

6.根霉果腐病

症状：该病原菌广泛存在于土壤、空气中及各种病残体上，经伤口侵入。贮藏期间继续接触、振动传病。受害果初期表面出现水渍状、无凹陷、软腐病斑，1～2天迅速扩展至整个果实，果皮表面有大量小水泡（图1-61）。

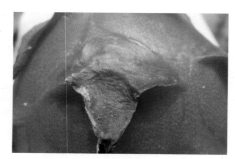

图1-61　匐枝根霉引起的症状

病原：匐枝根霉（*Rhizopus stolonifer*）属接合菌门毛霉目毛

霉科根霉属。该菌菌丝适宜生长温度为25℃，超过35℃停止生长。在PDA培养基上25℃培养，生长迅速。气生菌丝稀疏，初白色，后灰色，培养基底面烟灰色。孢囊梗直立，大多1～2根、少数3～4根匍匐根，与假根对生，不分枝或偶尔分枝。孢子囊球形、近球形，黑色，直径52.0～180.0微米。囊轴椭圆形或圆形，直径20.0～63.0微米，残存囊领，但也可无残存囊领。孢囊孢子近球形或宽卵形，表面具线纹，灰褐色，大小不一，（6.6～12.2）微米 ×（6.6～9.9）微米，壁稍厚。

（二）火龙果采后侵染性病害防治方法

潜伏侵染是引起果蔬采后病害的重要因素，不仅会造成巨大经济损失，而且对果蔬采后防腐构成了潜在的威胁。采后病原菌的侵染途径主要包括三种：①通过虫害或机械损伤等造成的伤口；②通过果实表面伤口或自然孔口直接侵入；③病原菌分泌各种对植物有害的物质（各类植物毒素、胞外分解酶、碱性物质、活性氧等）侵入果实表皮。目前控制果蔬采后病害的常用方法有农业防治、物理防治、化学防治和生物防治，下文系统分析火龙果采后病害防治的方法。

1.农业防治

火龙果的采后病害多具潜伏性，一般在田间感病，贮藏期才开始发病。因此，搞好田间卫生、减少初侵染源非常重要。主要工作是在秋冬季节适度修剪过密枝条，使果园保持通风良好的状态，有助减轻病害发生。

2.物理防治

（1）低温贮藏。果蔬低温贮藏是借助人工制冷技术，降低贮藏库内的温度以降低贮藏库内果蔬的呼吸代谢速率、酶活性，抑制微生物的生长，从而控制腐烂率，延长果蔬贮藏期限的方法。低温贮藏是目前水果贮藏保鲜中最为有效且应用最广的技术之一，贮藏温度已成为控制果蔬采后病害的重要因素之一。

火龙果采后果实的腐烂与温度密切相关，低温贮藏能显著降低火龙果果实的呼吸速率、酶活性，延缓衰老进程。同时侵染火龙果的多种病原菌菌丝适宜生长温度为25～30℃，低于10℃能有效抑制其生长或使其停止生长，显著降低侵染火龙果病原菌的生长繁殖速度和致病力，从而有效延缓火龙果贮藏期间病害的发生时间和降低病害发生率。

（2）气调包装。气调包装是指采用具有气体阻隔性的包装材料包装食品，然后在一定的条件下采用一定比例的保护气体改善包装袋内的气体环境，通过控制生物化学反应和降解过程来延缓食品的氧化，通过抑制真菌和细菌的生长、减少水分损失来延长食品货架期和保质期的方法。气调包装主要分为人工气调包装和自发气调包装。人工气调是指通过仪器设备有计划地调整贮藏环境中的气体成分和浓度，保鲜效果明显，但是对气调设施和成本要求高，技术性强，推广应用难度大。自发气调是指通过自发气调包装袋对气体的选择通过性来自动调节贮藏环境中的气体成分，形成有利于延缓果实衰老的气体成分，对设施要求低，操作简单，成本较低。在诸多果蔬保鲜工艺中自发气调包装成本低廉、方便有效，且不使用防腐剂，已成为目前运用较成功的果蔬保鲜技术。

低温结合自发气调包装贮藏火龙果，是一种有效且成本较低的保鲜方式。不管是聚乙烯（PE）、聚氯乙烯（PVC）保鲜袋还是硅窗气调袋，均能较好地维持高CO_2低O_2的贮藏微环境，抑制低温贮藏时火龙果的腐烂和失重，抑制可溶性固形物、维生素C等物质含量的下降速度，延缓火龙果的衰老进程，有效延长火龙果贮藏时间，维持火龙果果实商品价值。

（3）热处理。热处理是指利用热蒸汽、热水、红外线辐射、微波辐射等方法处理采后果实。利用热力杀死或钝化果实上的害虫或病原菌，减少贮藏期腐烂的发生，同时改变果实某些代谢过程。热处理具有杀菌、杀虫和保鲜的作用，是控制采后病虫害的一种重要方法，并且具有无毒、无农药残留、耗能少、价廉和便于操作的特点，符合绿色、有机果蔬的高质量要求。

40～50℃热处理时间10～20分钟，可有效抑制火龙果贮藏期间的呼吸强度、失重率、相对电导率的升高，延缓果实内部活性氧自由基的生成以及膜质过氧化的发生，同时提高火龙果贮藏期间总酚和总黄酮含量，抑制抗坏血酸过氧化物酶活性的降低，从而延长火龙果贮藏时间。贮藏前采用35℃热水处理1小时，可有效维持贮藏期间火龙果果实的可滴定酸含量和硬度，保持较好的贮藏品质。采用热处理技术可显著抑制火龙果贮藏期果蝇的发生，不同的热处理方式其杀虫杀菌和保鲜效果有所不同。

（4）冷激处理。冷激处理是指对采后果蔬在不致发生冷害和冻害的条件下进行短时低温处理。通过调控抗病相关基因的表达，以及提高果实体内第二信使H_2O_2的含量，使其在信号转导中调控下游信号流，进而激活和调控植物体内各种胁迫相关基因，并将信号最终放大为蛋白的翻译表达，在植物体中产生各种抗性相关物质，从而提升果蔬采后贮藏期间抵抗病原菌侵害的能力。

火龙果在低温贮藏过程中的冷害问题严重影响其商品价值。冷激处理延缓了火龙果细胞膜透性上升，且贮藏后期组织中游离脯氨酸和可溶性蛋白质含量得到显著提升；同时降低活性氧自由基的产生和积累，延缓了活性氧清除酶、内源抗氧化物质含量的降低，较好地保持了细胞膜结构的完整性，从而在火龙果的低温贮藏过程中可以很好地防止冷害的发生和发展。

（5）辐射保鲜。辐射保鲜是利用电离辐射对食品和其他农副产品进行加工处理，控制食源性病原体，减少微生物负载和虫害，改变组织中代谢酶等物质的活性，使其新陈代谢受到抑制，延缓衰老和腐烂。辐射保鲜是一种安全的物理处理过程，具有冷加工、节能高效、安全环保、无残留、无污染、实用性强和可大规模应用的特点。根据联合国粮食及农业组织、国际原子能机构、世界贸易组织专家委员会的标准，采用10 000戈瑞的射线辐照食品在毒理学上不存在危险，因此常用10 000戈瑞以下的剂量来控制果蔬的采后病害。

800戈瑞的X射线辐照处理可以显著抑制火龙果贮藏期间果蝇

的发生，且能保持较好的贮藏品质，不会对火龙果的检疫安全性、感官品质等方面产生影响。一定剂量的紫外线照射处理能有效抑制金都火龙果果实腐烂率上升，其中1 000焦耳/米^{2}紫外线能极显著提高贮藏期活性氧代谢酶和抗病相关酶活性，从而提高果实抗病性，延长贮藏时间。

3.生物防治

果蔬采后病害的生物防治，是指在贮藏过程中，利用天然保鲜剂、生物源涂膜或者引入生防菌，从而抑制病原菌在果实贮藏过程中的生长繁殖，控制果实采后病害的发生。它的最大优点是不污染环境、对人体无害，是农药等非生物防治病虫害方法所不能比的。

随着人们食品安全意识的提高，果蔬采后绿色保鲜越来越受到人们的重视。植物提取物作为天然保鲜剂不仅具有抗氧化活性和抑菌活性，可以有效杀死果实表面、内部以及贮藏环境中的病原菌，预防病原菌侵害贮藏中的果实，而且还具有抑制果实褐变等作用。例如采前1天喷施油茶饼粕粗提液可显著保持火龙果采收时的果皮色泽和提高果实抗坏血酸含量，显著延缓贮藏期间火龙果果肉黏度的增加，维持果皮亮度和果肉硬度等，从而延缓霉烂指数的升高。采前喷施木霉菌结合乳酸链球菌素、纳他霉素结合乳酸链球菌素或油茶饼粕粗提液均能维持火龙果总黄酮含量，降低霉烂指数和呼吸速率，延缓果皮变薄，从而减少火龙果贮藏期间腐烂的发生。蛤蒌叶提取物制备成稀释液应用在火龙果保鲜上，获得了极好的抑菌效果。

将芒果核精油应用于火龙果的保鲜上，可杀死火龙果表面、内部以及贮藏环境中的细菌，有效预防细菌侵害，同时芒果核精油有抗氧化和清除火龙果自由基的作用，可抑制火龙果发生褐变，延缓火龙果腐烂。利用丁香精油、火龙果花精油、桂花精油任一种或以上的组合能有效抑制桃吉尔霉和变红镰刀菌引起的火龙果病害。

生物源涂膜是指使用海藻酸钠、壳聚糖等多糖或果蜡进行涂布、浸泡或喷洒于果实表面，形成一层透明且富有弹性的膜，减少病原菌侵染，减少或延缓贮藏期腐烂的发生。目前已有多种配方的涂膜应用于火龙果，例如：5%蔗糖基聚合物＋1%海藻酸钠处理能在25℃条件下延长火龙果贮藏期4天；壳聚糖与羟丙基甲基纤维素交联制成乳化剂，加入印楝油制备的复合涂膜剂，可使火龙果在（10±2）℃下保质期达到15天。

4.化学防治

火龙果采后病害防治的化学杀菌剂一般选用广谱、高效、低毒、无公害的杀菌剂，比如采用25%丙环唑水剂500倍液、25%咪鲜胺乳油500倍液浸泡火龙果果实，极显著地降低了贮藏期间腐烂的发生。火龙果采后贮藏期间的变红镰刀菌、黑曲霉和黄曲霉病害，可以使用苯菌灵和氧氯化铜这2种杀菌剂混合处理。异菌脲、戊唑醇、腈菌唑和苯醚甲环唑等杀菌剂可用于火龙果仙人掌平脐蠕孢、革节孢属果腐病的防治。但在生产上需注意药剂交替使用，防止耐药性出现。

（三）贮藏期冷害及防控方法

火龙果生理性病害的症状因病害种类而异，大多数是在火龙果表面或内部出现褐色、凹陷、异味等，其发生的原因主要是采后贮运环境中的温度、湿度、气体等条件不良而引起的。

症状：火龙果为典型的热带和亚热带水果，对低温敏感，低温下贮藏容易诱发冷害。火龙果的冷害症状主要表现为：冷藏期间果皮表面或内部发生褐变；表皮出现凹陷斑块，主要由下层细胞发生塌陷所引起，并且塌陷处颜色逐步变深，加上大量失水，凹陷程度不断加重；冷藏出库后鳞片出现水渍状斑点或组织快速萎蔫，果皮褐变。另外发生冷害后，削弱了果实抗病原菌的能力，果实易遭受到病原菌侵染而迅速腐烂，并产生异味（图1-62）。

临界温度：发生冷害的最高温度或不发生冷害的最低温度称为冷害临界温度，不同的品种其冷害的临界温度略有差异，紫红龙品种发生冷害的临界温度为7℃，晶红龙品种为5℃，京都1号和软质大红可以在4℃的冷库中贮藏。

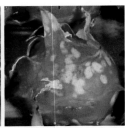

图 1-62　火龙果贮藏期冷害症状

冷害防控技术：

（1）物理方法。①热处理。可维持细胞膜不饱和脂肪酸与饱和脂肪酸的比例，保持细胞膜相对完整性，促进热激蛋白基因表达和热激蛋白积累，提高组织抗氧化能力，增强精氨酸途径，促进多胺合成，并影响糖代谢促进可溶性糖积累，提高果蔬耐冷性。46℃下处理20分钟对低温贮藏火龙果保鲜效果较好。②冷激处理。火龙果经−5℃处理1小时和−10℃处理20分钟能极显著降低贮藏期间的冷害指数和冷害发生率，可以有效维持火龙果体内代谢平衡，很好地防止冷害的发生和发展。

（2）化学方法。利用化学方法控制冷害的发生，主要体现在乙烯抑制剂和植物次生代谢物质如茉莉酸、水杨酸、多胺等的应用上，以及部分植物激素的使用。1-甲基环丙烯通过结合乙烯受体来抑制乙烯的产生，从而能够起到良好的保鲜效果，延缓冷害的发生。Ca^{2+} 处理能维持细胞膜相对完整性，降低细胞膜的透性，调节细胞壁降解酶和抗氧化系统酶的活性，从而延缓果实采后软化，并增强果实抗冷性。采前或采后 Ca^{2+} 处理均有利于火龙果采后贮藏期品质的维持，在低温贮藏中的冷害症状也得到明显改善，并具有良好的商品性。草酸是一种天然有机酸，草酸处理紫红龙火龙果后在5℃冷库中贮藏，可有效防止其发生冷害，比对照延后9～10天出现冷害症状，贮藏保鲜期可达24～25天。10微摩/升茉莉酸甲酯处理紫红龙火龙果效果与草酸处理类似，经10微摩/升茉莉酸甲酯处理后的紫红龙、京都1号火龙果入0～1℃冷库中预贮藏3～4天，再调温至5～6℃贮藏，其保鲜时间分别可达30天和45天（图1-63）。

图1-63　抗冷诱导剂处理与对照相比火龙果贮藏24天后状态

第二章 火龙果主要害虫及防控

1.桃蛀螟

桃蛀螟［*Dichocrocis punctiferalis*（Guenée）］属鳞翅目螟蛾科蛀野螟属，又称桃蛀野螟。幼虫俗称蛀心虫，属重大蛀果性害虫，主要危害板栗、玉米、向日葵、桃、李、山楂、火龙果等多种农作物，主要分布于我国的10余个省份。

形态特征：成虫体长12毫米左右，翅展22～25毫米，体、翅皆为黄色，表面具许多黑斑点似豹纹，腹背第1节和第3至第6节各有3个横列，第7节有时只有1个，第2节和第8节无黑点，前翅有黑点25～28个，后翅有黑点15～16个。雄虫第9节末端黑色，雌虫不明显。卵椭圆形，长0.6毫米，宽0.4毫米，表面粗糙布细微圆点，初乳白色后渐变为橘黄色、红褐色。幼虫体长22毫米，体色多变，有淡褐色、浅灰色、浅灰蓝色、暗红色等，腹面多为淡绿色。头暗褐色，前胸盾片褐色，臀板灰褐色，各体节毛片明显，灰褐色至黑褐色，背面的毛片较大，第1至第8腹节气门以上各具6个，成2个横列，前4个后2个。气门椭圆形，围气门片黑褐色凸起。腹足趾钩有不规则的3个序环。蛹长13毫米，初淡黄绿色，后变褐色，臀棘细长，末端有曲刺6根。茧长椭圆形，灰白色（图2-1至图2-4）。

危害特点：主要以幼虫蛀食危害火龙果果实，偶有危害枝条，成虫产卵于火龙果果实表面或花瓣上，卵散产。幼虫孵化后在果蒂或果实与鳞片的夹角处取食果实表皮，排泄的粪便与所吐的丝网交织在一起将幼虫盖住，随着幼虫成长逐渐蛀入到果肉内危害，从外表看果面有孔洞，有似果胶物流出，在果脐部位形成丝网，并有粪便排出（图2-5、图2-6）。

图2-1　桃蛀螟成虫

图2-2　桃蛀螟幼虫

图2-3　桃蛀螟卵

图2-4　桃蛀螟蛹

图2-5　果实未成熟时桃蛀螟危害状

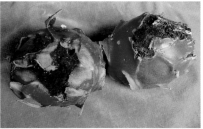

图2-6　果实成熟时桃蛀螟危害状

生活习性：该虫在贵州省罗甸县1年发生6～7代，以老熟幼虫于12月中旬在枯枝、气生根缝隙以及果园四周的玉米、高粱、向日葵秸秆等不同位置越冬。越冬幼虫于翌年2月下旬开始化蛹，2月底羽化成虫，以后各世代重叠严重。3月初至4月中旬为第1代幼虫盛发期，4月中旬至5月下旬为第2代幼虫盛发期，5月下旬至7月初为第3代幼虫盛发期，7月初至8月中旬为第4代幼虫盛发期，8月中旬至9月中旬为第5代幼虫盛发期，9月中旬至11月初为第6代幼虫盛发期，11月初至12月下旬为第7代幼虫盛发期。第1至第3代幼虫主要危害桃、李、玉米和向日葵。7—8月成虫转移到火龙果上产卵危害，9—10月是危害果实的高发期。卵期7天，幼虫期21天，蛹期5～7天，完成1个世代需35天左右。成虫昼伏夜出，主要取食花蜜和成熟果实汁液，对黑光灯和糖醋液均有较强的趋性。

　　防治方法：

　　（1）控制害虫食物源。火龙果园周边和园内不要混栽桃、李、杏、樱桃、板栗等果树，以控制桃蛀螟的食物源，降低虫口基数。

　　（2）保持果园清洁，及时清理枯枝、残枝、病虫枝，用火焚烧或挖坑覆土深埋。冬季应彻底清理果园，剪除病虫枝、交叉枝，使火龙果园通风透光，破坏害虫越冬和产卵的隐蔽环境。

　　（3）摘除花筒。桃蛀螟喜欢将卵产于火龙果花筒内、两果交际处和枝条交叉处，因此在火龙果谢花后摘除花筒，可减少桃蛀螟成虫产卵危害。

　　（4）作物诱杀。利用桃蛀螟对向日葵、玉米、高粱、蓖麻等作物趋性较强的特性，可以在果园四周选择种植以上某种作物。

　　（5）药剂防治。在桃蛀螟产卵盛期至孵化初期施药。可选用22%噻虫·高氯氟悬浮剂2 500～3 000倍液、30%噻虫嗪悬浮剂1 500～3 000倍液或0.5%藜芦碱可溶液剂300～500倍液进行防治。每7天施1次药，连续用药2次。

　　（6）物理防治。桃蛀螟成虫趋光、趋化性强，可从其成虫刚开始羽化时（未产卵前），晚上在火龙果园附近或园内用频振式杀虫灯或挂黄板诱杀成虫。

（7）性诱剂诱杀。在成虫羽化期将性信息素诱芯及配套诱捕器悬挂于火龙果背阴面的枝条上诱杀成虫。

2.同型巴蜗牛

同型巴蜗牛 [*Bradybaena similaris*（Ferussac）] 属软体动物门（Mollusca）腹足纲（Gastropoda）柄眼目（Stylommatophora）巴蜗牛科，是农作物上的重要害虫，发生量大，危害严重。

形态特征：成螺体形与颜色多变，扁球形，黄褐色至红褐色，具细致而稠密的生长线，贝壳高约12毫米，宽约15毫米，有5～6个螺层，底部螺层较宽大，螺旋部低矮。贝壳壳质厚而坚实，螺顶较钝，螺层周缘及缝合线上常有1条褐色线，个别没有。壳口马蹄状，口缘锋利，脐孔圆形。头上有2对触角，上方1对长，下方1对短小，眼着生其顶端。头部前下方着生口器，体色灰色，体长约35毫米，腹部有扁平的足。幼螺形态与成螺相似，但体形较小，外壳较薄，淡灰色，半透明，内部虫体乳白色，从壳外隐约可见。卵球形，长1.0～1.5毫米，初产乳白色，渐变淡黄色，后为土黄色，卵壳石灰质。

危害特点：蜗牛是常见的有害软体动物，全国均有分布，雨水较多时发生普遍，而且严重，火龙果的嫩梢、枝条、花和果实均可受到蜗牛的危害。枝条受害，常被其吃成缺刻；果实受害，形成不规则凹坑状或布满锈斑，影响生长和外观品质，失去商品价值（图2-7至图2-11）。

图2-7　同型巴蜗牛危害嫩梢

图2-8　同型巴蜗牛危害花蕾

图2-9　同型巴蜗牛危害枝条

图2-10　同型巴蜗牛危害未成熟果实

图2-11　同型巴蜗牛危害成熟果实

生活习性：同型巴蜗牛1年发生1代，以幼螺和成螺在草丛或浅土层中越冬，此时壳口有一层白膜封住。2月下旬至3月上旬开始活动，白天躲在土缝、水泥柱或火龙果须根处，阴雨天和晚上则出来活动，并取食危害。3月下旬至4月上旬成螺在树盘表面、须根下或浅土层内产卵。4—10月均可见到卵，但以4—6月卵量最大，高峰期出现在4月上中旬、5月上中旬和6月下旬，其中前2次高峰期卵量大。卵期14～31天，若土壤干燥，直接露出土面的卵则会爆裂而死亡。卵自4月下旬开始孵化，有3个孵化高峰期，分别为4月下旬至5月上旬、5月下旬和7月中旬，其中前2个高峰期幼螺量大。刚孵出的幼螺群集危害，以后逐渐分散。蜗牛喜潮湿，在低洼潮湿的地方多，阴雨天白天和晚上都会危害；在干旱条件下，白天潜伏，夜间活动。盛夏干旱和秋旱季节同型巴蜗牛便隐蔽起来，通常分泌黏液形成白色蜡状膜将壳口封住，暂时休眠不吃不动，气候适宜后又恢复活动。干旱年份危害轻，雨水多的年份危害重，主要危害期为5—11月，6月开始上果危害，12月入土越冬。蜗牛行动迟缓，凡爬行过的地方均留有分泌黏液的白色痕迹。

防治方法：

（1）人工捕杀。

（2）火龙果园放养鸡、鸭，可啄食大量蜗牛。

（3）药剂防治。抓住蜗牛大量出现未交配产卵的3月上中旬及大量上树前的5月中下旬盛发期2个适期进行。具体措施：一是撒施药剂。于晴天傍晚，每亩用50%杀螺胺乙醇胺盐可湿性粉剂30～40克拌细土15～30千克，或6%聚醛·甲萘威颗粒剂250～500克拌20～25千克的过筛细土撒施于火龙果园；或用5%四聚·杀螺胺颗粒剂采用分堆撒施法每亩施1千克，亩堆量不得低于50堆；或用6%四聚乙醛颗粒剂每亩500克均匀撒施在树盘上。二是喷施药液。上午8时前及下午5时后用50%杀螺胺乙醇胺盐可湿性粉剂500～700倍液、6%聚醛·甲萘威颗粒剂60～120倍液或40%四聚乙醛悬浮剂250～500倍液均匀喷施在火龙果枝条和树盘上。三是毒饵诱杀。用四聚乙醛制剂与碎豆饼、玉米粉或大米粉配制成含2.5%有效成分的毒饵，于傍晚施于火龙果园内诱杀。

3.桃蚜

桃蚜 [*Myzus persicae*（Sulzer）] 属半翅目蚜科，又名腻虫、桃赤蚜、烟蚜、菜蚜等。桃蚜食性非常广泛，主要取食十字花科植物、茄果类蔬菜、油料作物芝麻以及桃、李、梅、樱桃、烟草等。桃蚜生活周期短、繁殖量大，除刺吸植物体内汁液外，还可分泌蜜露，引起煤污病，影响植物正常生长。更重要的是桃蚜能传播多种植物病毒，造成植株严重失水和营养不良，危害部位皱缩变形，直接影响产量和品质，给火龙果生产带来巨大的损失。

形态特征：无翅胎生雌蚜，体长2.2毫米，宽0.94毫米，卵圆形；体色变化较大，一般为黄绿色、枯黄色或赤褐黄色，背中线和侧带翠绿色；触角比体短；腹管黑色，圆筒形，向端部渐细，色淡，基部黑色；尾片圆锥形，有曲毛6～7根。有翅胎生雌蚜，体长2.2毫米，宽0.94毫米；头、胸黑色，腹部淡绿色或红褐色，有翅，触角黑色，第3节有圆形次生感觉圈9～11个，在外缘排成1行；卵长1.2毫米，长椭圆形，初为绿色，后变成黑色；虫与无翅蚜相似，体小。

危害特点：蚜虫分有翅、无翅两种类型，体色为黑色，以成蚜或若蚜群集于火龙果嫩梢、花蕾、花和果实上，用针状刺吸式口器刺吸危害部位的汁液，使火龙果植株细胞受到破坏，生长失去平衡。蚜虫危害时排出蜜露，会招来蚂蚁取食，同时还会引起煤污病的发生（图2-12至图2-15）。

图2-12　桃蚜危害花蕾

图2-13　桃蚜危害花苞

图2-14　桃蚜危害幼果

图2-15　桃蚜危害成熟果实

生活习性：桃蚜在火龙果上全年均可危害，2月末至3月初卵孵化，1年可繁殖15～17代，7—8月产生大量有翅迁移蚜，迁到十字花科植物上繁殖8～9代，10月中下旬产生性母蚜。性母蚜分雌、雄性母。雌性母蚜有翅，食性很广，会迁飞到其他寄主上，如桃、李、樱桃、梨等树上，孤雌胎生雌性蚜、雄性蚜，长大后无翅。在10月取食后，孤雌胎生有翅雄性蚜，与雌性蚜交配，受精雌性蚜产卵。该蚜发生与气温关系密切，早春雨水均匀，有利于发生，高温高湿对其不利，在24℃时发育最快，高于28℃时对其发育不利。

防治方法：

（1）农业措施。有条件的果园，可采取少种十字花科蔬菜的方法，结合果园除草，及时清洁田园，以减少蚜虫来源。

（2）利用银灰膜避蚜。

（3）药剂防治。当发生率达10%时，选用1.8%阿维菌素乳油1 500～2 000倍液、0.5%藜芦碱可溶液剂300～500倍液或0.5%苦参碱水剂500倍液进行防治。喷药时要喷透，7天后再喷一次。

4.桑白蚧

桑白蚧 [*Pseudaulacaspis Pentagona*（Targioni Tozzetti）] 又名桑盾蚧、桃介壳虫，属同翅目盾蚧科白盾蚧属，是世界性的林果业害虫，除了危害桃、杏、李树之外，还会危害火龙果、梅、枇杷、无花果、猕猴桃等多种果树，其分布广、寄主杂，在全国各省份都有发生。

形态特征：雌成虫橙黄色或橘红色，体长1毫米左右，宽卵圆形；介壳圆形，直径2～2.5毫米，略隆起有螺旋纹，灰白色至灰褐色，壳点黄褐色，在介壳中央偏旁。雄成虫体长0.65～0.7毫米，翅展1.32毫米左右，橙色至橘红色，体略呈长纺锤形；介壳长约1毫米，细长，白色，壳点橙黄色，位于壳前端。卵椭圆形，初产淡粉红色，渐变为淡黄褐色，孵化前为橘红色。初孵若虫淡黄褐色，扁卵圆形，体长0.3毫米左右，分泌绵毛状物遮盖身体，脱皮之后眼、触角、足、尾毛均退化或消失，开始分泌蜡质物质形成介壳，脱皮覆于壳上，称为壳点。

危害特点：该虫附着在火龙果枝条上危害，以雌成虫和若虫群集固着于枝条上刺吸汁液，严重时介壳密集重叠，造成树势衰弱、生长不良，并容易引发其他病害（图2-16）。

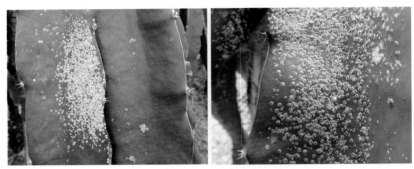

图2-16 桑白蚧危害枝条

生活习性：桑白蚧在贵州省火龙果主产区每年发生2代，以受精的雌成虫在枝条上越冬。越冬后于翌年3月下旬至4月上中旬开始产卵于壳下，卵经过10天左右孵化为若虫，第1代若虫盛期在4月下旬至5月上中旬。初孵若虫从母壳下爬出，分散至火龙果老熟枝条上固定取食，以接近水泥柱和阴面密度较大，同时分泌出绵毛状白色蜡粉形成介壳。5月中下旬至6月上旬，雌雄开始分化，6月中下旬至7月上旬雌虫发育成熟后产卵于壳下。7月上中旬至7月下旬发生第2代若虫，8—9月出现第2代成虫，雌雄交尾后，雄成虫死去，留下受精雌虫于枝条上越冬。

防治方法：

（1）人工防治。因其介壳较为松弛，可用硬毛刷或细钢丝刷刷除火龙果枝条上的虫体，结合整形修剪，剪除被害严重的枝条。

（2）药剂防治。根据调查测报，在若虫盛孵期选用22.4%螺虫乙酯悬浮剂4 000～5 000倍液、33%螺虫·噻嗪酮悬浮剂3 500～4 500倍液或4%阿维·啶虫脒乳油600～800倍液，加0.2%～0.5%洗衣粉水或液状石蜡进行树体喷雾防治。

（3）保护利用天敌。田间寄生蜂的自然寄生率比较高，有时可达70%～80%，此外，瓢虫、方头甲、草蛉等的捕食量也很大，均应注意保护。

5.橘小实蝇

橘小实蝇［*Bactrocera dorsalis*（Hendel）］属双翅目（Diptera）实蝇科（Trypetidae）寡鬃实蝇亚科（Dacinae），又名东方果实蝇，广泛分布于热带和亚热带地区，是世界范围内危害果蔬的重要害虫。该虫繁殖力高，适应能力强，寄主范围广泛，可危害桃、李、梨、番石榴、火龙果、芒果、柑橘、枣、苹果、柿等46科250余种水果和蔬菜，常造成减产甚至绝产，故被列为世界性检疫害虫。

形态特征：成虫黑色与黄色相间，体、翅长5.7～10.5毫米。头部颜面黄色；颜面斑黑色，中等大，近卵形。上侧额鬃1对，下侧额鬃2对或3对以上；具内顶须、外顶须和颊鬃；单眼鬃细小或缺少。触角显长于颜面长，末端圆钝。中胸背板黑色带橙色或红褐色区；介于背后中黄色条和侧黄色条之间的大部区域、肩胛后至横缝间的2个大斑、背板中部前缘至黄色中纵条前端的狭纵纹均为黑色；肩胛、背侧胛、缝前1对小斑均为黄色；缝后侧黄色条终止于翅内鬃着生处或其之后处，缝后中黄色条泪珠状；前翅上鬃、小盾前鬃和翅内鬃存在，背中鬃缺少。小盾片较扁平，黄色，具黑色基横带，小盾鬃2对。后小盾片和中背片为浅黄色或橙黄色，两侧带暗色斑。翅斑褐色，前缘带于翅端扩成1个椭圆形斑。足淡黄色。腹部背板分离，黄色至橙红色。第2和第3腹背板的前部各具1条黑色横带，第4和第5腹背板的前侧部常具黑色短带；黑色中纵条自第3腹背板的前缘伸达第5腹背板后缘，第5腹背板具腺斑。雄成虫第3腹节栉毛，第5腹节腹板后缘浅凹。产卵器基节长是第5腹背板长的1.2倍；产卵管端尖，具端前刚毛4对，长、短各2对，不具齿，具2个骨化的受精囊。雄虫侧尾叶后叶长（图2-17）。

危害特点：成虫产卵于火龙果果皮或花筒内，孵化后幼虫钻入果实内取食，使火龙果果实变软腐烂。被害果实初期表面完好，仔细看有针头状虫孔，虫孔处用手按有汁液流出。受害严重的果实布满虫孔（图2-18、图2-19）。

图2-17　橘小实蝇成虫

图2-18　橘小实蝇危害未成熟果实

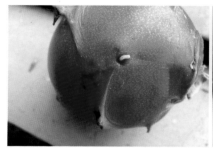

图2-19　橘小实蝇危害成熟果实

生活习性：在贵州每年5月上旬开始出现越冬代橘小实蝇，虫口密度逐渐增加到6月上中旬，6月下旬至7月上中旬化蛹，7月中下旬开始羽化出现第1代成虫。成虫羽化后需要经历较长时间的营养补充才能交配产卵，成虫产卵器末端尖锐，可直接在果皮和果肉内产卵，更喜欢将卵产于果实缝隙处、伤口处、凹陷处以及软组织等地方，每处5~10粒不等，每头雌虫产卵量400~1 000粒。卵期长短随季节温度变化而不同，夏季仅需1天，春秋季需2~3天，冬季需7~20天。幼虫孵出后通常会在被害果实内生长发育，不转果危害。幼虫在1~2龄时不会弹跳，当幼虫生长到3龄老熟后钻出果实，从果实表面弹跳至地面，在地面会不断地弹跳，寻找适合场所入土化蛹，部分老熟幼虫也可在被害果实内化蛹。幼虫期发育时长一般为9～23天。幼虫在土表下经1～2天化蛹，蛹期发育时长一般为8～23天。橘小实蝇在火龙果果实上的危害时间主要为9—11月，造成蛆果。

防治方法：

（1）农业防治。及时摘除被橘小实蝇蛀食的火龙果，将其集中处理。

（2）摘花护果。在火龙果谢花后摘除花筒以减少成虫产卵危害。

（3）诱杀成虫。①可用糖醋液加杀虫剂诱杀成虫，能有效减少虫源。②规模种植，宜安装太阳能频振式杀虫灯诱杀。③用实蝇粘胶板诱杀。在火龙果果实成熟前悬挂实蝇粘胶板诱杀成虫，每亩悬挂30～50张。④饵剂诱杀。成熟期前火龙果园挂涂抹实蝇饵剂的诱捕器，每亩5～8桶，每隔1个月左右补涂1次饵剂。

（4）药剂防治。在春季越冬成虫出土前或果实采收完成后，全园范围内土壤表层喷洒40%辛硫磷乳油200～300倍液。在5—11月成虫产卵盛期，可选用6%乙基多杀菌素悬浮剂1 500～2 500倍液、5%高效氯氰菊酯微乳剂1 000～2 000倍液或30%噻虫嗪悬浮剂1 500～3 000倍液等喷洒于火龙果植株上，7～10天喷1次，连续喷2～3次。

6.堆蜡粉蚧

堆蜡粉蚧［*Nipaecoccus vastalor*（Maskell）］属同翅目粉蚧科，又称柑橘堆蜡粉蚧、柑橘堆粉蚧，若虫、成虫刺吸汁液，重者削弱树势甚至导致树体枯死。堆蜡粉蚧主要分布于广东、广西、福建、台湾、云南、贵州、四川等省份，以及湖南、湖北、江西、浙江、陕西、山东、河北的局部地区。

形态特征：雌成虫近扁球状，紫黑色，体背被较厚蜡粉，体长约2.5毫米；雄成虫紫褐色，翅1对，腹端有白色蜡质长尾刺1对。卵囊蜡质绵团状，白中稍微黄；卵椭圆形，在卵囊内。若虫体形与雌成虫相似，紫色，初孵时体表无蜡粉，固定取食后开始分泌白色粉状物覆盖在体背与周缘。该虫1年可发生4～6代，以若虫、雌成虫越冬。翌年天气转暖后恢复活动、取食。雌成虫形成蜡质的卵囊产卵繁殖，多为孤雌生殖。若虫孵出后，常以数头至数十头群集在嫩梢幼芽上取食危害。

危害特点：堆蜡粉蚧以成虫聚集在火龙果枝条背面或果实鳞片缝隙处危害，它有一个用来吸食寄主植物体液的口器，会从火龙果枝条或果实中吸取大量的液体以获取足够的蛋白质，多余的部分则变成蜜露排出体外。排出的蜜露常常会吸引蚂蚁光顾，还会引发煤污病，导致火龙果植株的机能下降（图2-20）。

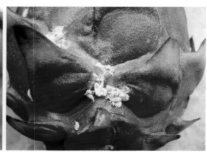

图2-20　堆蜡粉蚧危害状

生活习性：堆蜡粉蚧在贵州1年发生4～6代，世代重叠，田间各虫态常同时存在，以若虫和雌成虫在火龙果须根处或水泥柱上越冬。翌年2月开始活动，3月下旬产卵于卵囊内，每个雌成虫可产卵200～500粒，若虫孵化后逐渐分散转移危害。2—6月危害其他果树，2月初，越冬成虫、若虫开始危害其他果树春梢。3月下旬出现第1代卵囊，初孵若虫危害其他果树幼果，吸食其汁液，使蒂部附近凸起，并引起落果或使果实不能充分发育。5月上旬出现第2代卵囊，主要聚集于果柄和果蒂上，使果实畸形，后期也在叶脉处形成卵囊。5月下旬，若虫主要在其他果树果柄、果蒂和夏梢上危害。7—12月可在火龙果果实上危害。

防治方法：

（1）注意保护和应用天敌，如瓢虫和草蛉。

（2）从9月开始，在树干上束草把诱集成虫产卵，入冬后至抽发新梢前取下草把烧毁消灭虫卵。

（3）药剂防治。在若虫分散转移期，分泌蜡粉形成介壳之前，在22.4%螺虫乙酯悬浮剂4 000 ～ 5 000倍液、33%螺虫·噻嗪酮悬浮剂3 500 ～ 4 500倍液、4%阿维·啶虫脒乳油600 ～ 800倍液中任选一种药剂加0.2% ～ 0.5%洗衣粉水或液状石蜡进行树体喷雾防治。

7.斜纹夜蛾

斜纹夜蛾 [*Spodoptera litura*（Fabricius）]属鳞翅目（Lepidoptera）夜蛾科（Noctuidae），是一种世界性分布的害虫，在我国各地均有发生，尤以黄河流域和长江流域发生较重。在国外，以印度、中东、非洲等地发生较重，在日本、韩国、澳大利亚等地亦有报道。斜纹夜蛾食性杂，取食蔬菜、粮食作物、花卉、果树、烟草、茶、牧草等。

形态特征：卵半球形，直径约0.5毫米，初产时黄白色，快孵化时紫黑色，卵壳表面有细的网状花纹，纵棱自顶部直达底部，纵棱间横道下陷。卵成块，每块十粒至几百粒，不规则重叠地排列形成2 ～ 3层，外面覆有黄白色绒毛。幼虫体长35 ～ 51毫米，头部淡褐色至黑褐色，胸腹部颜色多变，虫口密度大时，体色纯黑，密度小时，多为土黄色至暗绿色。一般幼龄期虫体颜色较淡，随龄期增长颜色加深，3龄前幼虫体线隐约可见，腹部第1节的1对三角形斑明显可见，并有1个暗黑色黑环，中胸背面与第7节腹节各有1对三角形黑斑。4龄以后体线明显，背线及亚背线黄色，中胸至第9腹节亚背线内侧有近似半月形或三角形黑斑1对，而以第1、7、8节上黑斑最大，中后胸黑斑外侧有黄色小点。气门黑色，胸足近黑色，腹足深褐色。蛹长15 ～ 20毫米，圆筒形，红褐色，尾部有一对短刺。成虫体长14 ～ 20毫米，翅展35 ～ 46毫米，体暗褐色，胸部背面有白色丛毛。前翅灰褐色，花纹多，内横线和外横线白色，呈波浪状，中间有明显的白色斜阔带纹，所以称斜纹夜蛾（图2-21）。

危害特点：主要以幼虫咬食火龙果嫩梢、花蕾和果实鳞片，造成缺刻、孔洞，危害严重时把嫩梢、花蕾全部吃光（图2-22）。

图2-21　斜纹夜蛾卵块　　　　图2-22　斜纹夜蛾幼虫取食嫩梢

生活习性：斜纹夜蛾在贵州1年可发生5～9代，成虫的主要活动时间是夜间，白天一般藏于无阳光照射的阴暗地方，如火龙果水泥柱上和地面的土缝中。雌蛾一次产卵3～5块，每块卵的数量为100～200个，通常位于火龙果成熟枝条上，幼虫的孵化时间为5～6天，刚孵化出来的幼虫在火龙果枝条背阴面聚集，4个日龄之后便会如同成虫白天潜伏，夜晚活动取食火龙果枝条或嫩梢。斜纹夜蛾的发生规律与气候密切相关，相比其他的一些害虫而言，斜纹夜蛾喜好高温，通常在28～30℃的温度下能够得到快速的生长发育，所以夏季往往是斜纹夜蛾的高发季节，也是防治斜纹夜蛾的关键时期。斜纹夜蛾的幼虫食性广，很多果树都受其危害。

防治方法：

（1）农业防治。提倡间作一些有益的矮秆植物。创造不利于害虫滋生的环境，减轻虫害。加强苗期防虫管理，清洁田园。斜纹夜蛾的寄主作物很多，要及时清除田间杂草，减少田间虫口基数，及时摘除卵块，集中消灭初孵幼虫。

（2）诱杀成虫。利用成虫的趋光性和趋化性，用黑光灯、糖醋液（糖1份、醋3份、白酒1份、水10份，加少量杀虫剂调匀）、豆饼发酵液等多种方法诱杀成虫，在诱液中加少许杀虫剂，能毒死成虫。

（3）保护和利用天敌。斜纹夜蛾天敌很多，包括广赤眼蜂、黑卵蜂、小茧蜂、寄生蝇等，要注意保护自然天敌。在有条件的地区可用斜纹夜蛾核型多角体病毒防治。

（4）药剂防治幼虫。斜纹夜蛾幼虫防治要在暴食期以前，注意消灭在点片发生阶段，防治的关键是对1～2龄幼虫施药毒杀。可用5%氟啶脲乳油2 000倍液、3%甲氨基阿维菌素苯甲酸盐微乳剂2 000倍液或1%苦参碱可溶液剂800～1 200倍液喷雾防治。为提高防治效果，对3龄以后的幼虫宜在傍晚喷药消灭，因为高龄幼虫喜在晚间活动。

8.白星花金龟

白星花金龟 [*Protaetia brevitarsis* (Lewis)] 属鞘翅目 (Coleoptera) 花金龟亚科 (Scarabaeidae) 星花金龟属 (*Protaetia*)，在我国及周边国家如蒙古、日本、朝鲜和俄罗斯都有分布，是一种常见的害虫。

形态特征：成虫体长17～24毫米，宽9～13毫米，椭圆形，背面较平，体较光亮，多古铜色或青铜色，体表散布众多不规则白绒斑。白绒斑多为横波纹状，多集中在鞘翅中、后部，鞘翅宽大，近长方形，遍布粗大刻点。体背面和腹面散布很多不规则的白绒斑。头部较窄，两侧在复眼前明显陷入，中央隆起。唇基较短宽，密布粗大刻点，前缘向上折翘，两侧具边框，外侧向下倾斜。复眼突出，黄铜色带有黑色斑纹。前胸背板具不规则白绒斑，长短于宽，两侧弧形，后缘中部前凹，前胸背板后角与鞘翅前缘角之间有一个三角片甚显著。小盾片长三角形，顶端钝，表面光滑，仅基角有少量刻点。臀板短宽，密布皱纹和黄绒毛，每侧有3个白绒斑呈三角形排列。中胸腹突扁平，前端圆。后胸腹板中间光滑，两侧密布粗大皱纹和黄绒毛。腹部光滑，两侧刻纹较密粗，1～4节近边缘处和3～5节两侧有白绒斑。老熟幼虫体长24～39毫米，头部褐色，3对胸足，腹部乳白色，肛腹片上的刺毛呈倒U

形纵行排列，每行刺毛数为19～22根，体向腹面弯曲呈C形，背面隆起多横皱纹，头较小，胴部粗胖，黄白色或乳白色。卵圆形或椭圆形，长1.6～2.0毫米，同一雌虫所产的卵大小不同。蛹为裸蛹，卵圆形，长20～23毫米，初期为白色，渐变为黄白色。

危害特点：成虫咬食火龙果嫩梢成孔洞和缺刻，果实成熟时群集危害，使其失去经济价值（图2-23、图2-24）。

图2-23　白星花金龟危害嫩梢和花蕾

图2-24　白星花金龟危害花蕾和果实

生活习性：白星花金龟1年发生1代，主要以2～3龄幼虫在地下腐殖质或厩肥中越冬，以地下根或腐殖质为食，翌年4—6月，幼虫在地下20厘米深的土壤中老熟化蛹，大约20天后，蛹羽化为成虫，每年6—7月为成虫危害盛期。成虫昼伏夜出，飞翔能力强，具有假死性、趋腐性及趋糖性，喜食腐烂的果实及玉米、向日葵等农作物，对信息素也有很强的趋性。幼虫为腐食性，多在腐殖质丰富的疏松土壤或腐熟的粪堆中生活，不危害植物，并且对土壤有机质转化为易被作物吸收利用的小分子有机物有一定作用。在地表，幼虫腹面朝上，以背面贴地而行，行动迅速。

防治方法：

（1）冬季清园。将果园内的枯枝病枝清理干净并集中烧毁，然后将所得的草木灰撒施在果园内作为基肥，尽量减少白星花金龟的越冬场所。对白星花金龟发生较严重的果园，在深秋或初冬深翻土地，减少越冬虫源。

（2）糖醋液诱杀。糖醋液的配制比例为糖1份、醋3份、水10份，加少许农药。将配好的糖醋液放置在容器内，以占容器体积1/2为宜。将盛有糖醋液的容器悬挂在火龙果水泥柱上。白星花金龟多时，3天即可填满，满后倒掉重换糖醋液，每个水泥柱挂1个。

（3）利用其趋腐性诱虫。利用白星花金龟的趋腐性，在发生严重的火龙果果园四周放置腐烂有机肥，每堆内再倒入100～150克食用醋、50克白酒，定期向内灌水，每隔10～15天翻查1次，可捕杀到大量的白星花金龟成虫、幼虫、卵及其他害虫，可有效地减轻危害。

（4）人工捕杀。人工捕杀的最佳时期在7月初，此时白星花金龟才开始逐渐地迁入火龙果园。利用早晚气温较低的时间段对其实施捕杀，此时成虫的活动能力较弱，能够取得较好的捕杀效果。在离地面1～1.5米的树干上悬挂2个盛有水的容器，一旦捕捉到白星花金龟后将其投入水中。要是有大量的白星花金龟附于果实上，则可以采取摇晃的方式将成虫抖落于水中。在捕捉完成后，再进行集中处理，这样防治效果明显。

（5）套袋。防治白星花金龟的另一有效措施就是采取套袋技术。对火龙果进行套袋处理后，白星花金龟无法接触到火龙果，就不能对其造成危害，套袋的同时也可以很大程度上提升火龙果自身的色泽与口感，对于增加火龙果园的经济收入也是非常有利的。

（6）在白星花金龟发生严重的果园，于4月下旬至5月上旬害虫出土高峰期用40%辛硫磷乳油200倍液喷洒树盘土壤，能杀死大量出土成虫，这是一个关键的防治措施。

9.八点广翅蜡蝉

八点广翅蜡蝉 [*Ricania speculum*（Walker）] 属同翅目广翅蜡蝉科，又称八点蜡蝉、八点光蝉、橘八点光蝉、咖啡黑褐蛾蜡蝉、黑羽衣等，危害苹果、梨、桃、杏、李、梅、樱桃、枣、板栗、山楂、柑橘等。

形态特征：体长11.5～13.5毫米，翅展23.5～26毫米。体色黑褐色，被白蜡粉。触角刚毛状，短小，单眼2个，红色。翅革质，密布纵横脉，呈网状。前翅宽大，略呈三角形，翅面被稀薄白色蜡粉，翅上有6～7个白色透明斑。后翅半透明，翅脉黑色，中室端有一小白色透明斑，外缘前半部有1列半圆形小的白色透明斑，分布于脉间。腹部和足褐色。卵长1.2毫米，长卵形，卵顶具一圆形小凸起，初为乳白色，后渐变为淡黄色。若虫体长5～6毫米，宽3.5～4毫米，体略呈钝菱形，翅芽处最宽，暗黄褐色，布有深浅不同的斑纹，体疏被白色蜡粉。

危害特点：成虫、若虫喜于嫩枝、花瓣和果实鳞片上刺吸汁液。成虫产卵于当年生枝条上，影响枝条生长，重者产卵部以上枯死，削弱树势（图2-25）。

图2-25　八点广翅蜡蝉危害花和果实

生活习性：该虫在贵州1年发生1代，以卵于枝条背阴面越冬。翌年3月末至4月中旬越冬卵盛孵，若虫在嫩梢上危害，危害至7月下旬开始老熟羽化，8月中旬前后为羽化盛期。成虫经20余天取食后开始交配，8月下旬至10月下旬为产卵期，9月中旬至10月上旬为盛期。若虫有群集性，行动迅速，善于跳跃。成虫飞行力较强且迅速，白天活动，善跳且飞行迅速，喜于嫩枝和鳞片上刺吸汁液，有一定的趋光性和趋黄性。成虫产卵于当年生枝条上，产卵孔排成一纵列，孔外覆有白色绵毛状蜡丝。成虫寿命50～70天，至秋后陆续死亡。

防治方法：

（1）冬季结合修剪，剪除产卵枝条集中烧毁，以减少虫口基数。加强肥水管理，增强树势，通过修剪增强火龙果园的通风透光性。

（2）在害虫盛发期（6—11月），可通过悬挂频振式杀虫灯和黄板诱杀成虫。该防治措施环保、诱杀害虫种类广谱。

（3）保护和利用天敌。八点广翅蜡蝉受多种天敌的抑制，其中大腹园蛛、晋草蛉、异色瓢虫等为优势种，应在天敌盛发期减少农药施用次数，最大限度利用天敌控制。

（4）在若虫孵化期开始至7月中旬，虫口数量大，用10%吡虫啉可湿性粉剂1 000～2 000倍液、25%吡蚜酮可湿性粉剂2 000～2 500倍液、1.8%阿维菌素乳油1 500～2 000倍液、4%阿维·啶虫脒乳油1 500～2 000倍液或30%噻虫嗪悬浮剂1 500～3 000倍液均有防治效果。在配药时，药液中添加1%矿物油可提高防治效果。用药间隔期为7～10天。

10. 斑须蝽

斑须蝽（*Dolycoris baccarum*）又名细毛蝽，属于半翅目蝽科。斑须蝽在我国分布范围广，是多种农作物和果树的重要害虫。

形态特征：成虫体长8～14毫米，宽6毫米，椭圆形，黄褐色或紫色，密被白绒毛和黑色小刻点，触角黑白相间，喙细长，紧贴于头部腹面。小盾片近三角形，末端钝而光滑，黄白色。前翅革片红褐色，膜片黄褐色，透明，超过腹部末端。胸腹部的腹面淡褐色，散布零星小黑点，足黄褐色，腿节和胫节密布黑色刻点。卵粒圆筒形，初产浅黄色，后为灰黄色，卵壳有网纹，生白色短绒毛。卵排列整齐，成块。若虫形态和色泽与成虫相同，略圆，腹部每节背面中央和两侧都有黑色斑。

危害特点：成虫多将卵产在火龙果枝条正面、花蕾或果实的鳞片上，呈多行整齐排列。初孵若虫群集危害，2龄后扩散危害。成虫及若虫有恶臭，喜群集于火龙果嫩枝和鳞片上吸食汁液，形成褐色小斑点（图2-26）。

图2-26 斑须蝽危害状

生活习性：斑须蝽1年发生1～2代，以成虫在植物根部、枯枝落叶下、树皮、土壤裂缝或屋檐下等隐蔽处越冬。越冬成虫在5月下旬至6月上旬进入田间危害，最先开始危害玉米和蔬菜幼苗，危害时间长达1个月。产卵盛期在6月中下旬，卵孵化盛期在7月上中旬，10月后成虫潜伏越冬。成虫产卵前是危害最严重阶段，特别喜欢在火龙果嫩枝和果实鳞片处刺吸危害。斑须蝽的刺吸危害具有很强的隐蔽性，常在傍晚或清晨到植株地上部的幼嫩部位危害，白天又多聚集在受害作物的根部。当温度在20℃左右，空气相对湿度为60%～70%时，成虫最活跃。同时，因斑须蝽有转株危害习性，且飞行能力较强，所以防治难度大大增加。

防治方法：

（1）清理田间病虫枝，消灭部分越冬成虫，清除田间杂草，减少斑须蝽活动场所。

（2）成虫产卵盛期可人工摘除卵块或若虫团。

（3）利用成虫趋光性，用杀虫灯诱杀成虫，在成虫发生期，特别是盛期，用黑光灯诱杀，灯下放水盆，及时捞虫。

（4）在成虫集中越冬或出蛰后集中危害时，利用成虫的假死性，振动植株，使虫落地，迅速收集杀死。

（5）保护和利用天敌。注意对斑须蝽的天敌如斑须蝽卵蜂、华姬猎蝽、稻蝽小黑卵蜂、中华广肩步行虫、大眼蝉长蝽和大草蛉等进行保护，这样对斑须蝽具有较大的控制作用。

（6）药剂防治。果园虫害发生严重时可喷洒25%噻虫嗪水分散粒剂2 000～3 000倍液、22%氟啶虫胺腈悬浮剂1 000～1 500倍液或4%阿维·啶虫脒乳油1 500～2 000倍液。要做到早发现、早防治，并提倡在发生前期进行防治。

11.双线盗毒蛾

双线盗毒蛾［*Porthesia scintillans*（Walker）］属鳞翅目毒蛾科。该虫分布于广西、广东、福建、贵州、海南、云南和四川等省份，寄主植物广泛，除危害火龙果外，还危害龙眼、荔枝、芒果、柑橘、梨、桃、玉米、棉花、豆类等，是一种杂食性昆虫。

形态特征：成虫体长12～15毫米，翅展20～40毫米，体暗黄褐色。前翅黄褐色至赤褐色，内、外线黄色，前缘、外缘和缘毛黄色。后翅淡黄色。触角双栉齿状，复眼黑色。卵粒略扁圆球形，由卵粒聚成块状，上覆盖黄褐色或棕色绒毛。老熟幼虫体长21～30毫米，头部浅褐色至褐色，胸腹部暗棕色；前中胸、第3至第7和第9腹节背线黄色，中央贯穿红色细线；后胸红色；前胸侧瘤红色，第1、第2和第8腹节背面有黑色绒球状短毛簇，其余毛瘤污黑色或浅褐色。蛹圆锥形，长10～13毫米，褐色，有疏松的棕色丝茧。

危害特点：主要以幼虫咬食火龙果嫩梢、花蕾和果实鳞片，造成缺刻、孔洞。危害严重时把嫩梢吃光，果实啃成大孔洞，影响产量和质量（图2-27、图2-28）。

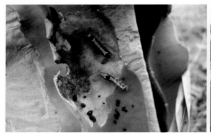

图2-27　双线盗毒蛾危害枝条和嫩梢

图2-28　双线盗毒蛾危害果实

生活习性：双线盗毒蛾1年发生3～7代，以2～4龄幼虫在枝条缝隙间或须根处结茧越冬。翌年3月上中旬至4月上旬，火龙果抽梢时越冬幼虫破茧而出开始活动，转移到嫩梢上取食危害。4月上旬至5月上旬，老熟幼虫在火龙果须根缝隙中化蛹，蛹期10～15天。5月上旬至6月上旬，越冬成虫进入羽化盛期。成虫多产卵于枝条背面，每个雌虫可产卵200～600粒，多由十几粒至上百粒聚集在一起成块状，卵块外覆盖一层黄色绒毛，卵期约7

天。6月上中旬幼虫孵化，开始取食火龙果果实鳞片。7月上旬幼虫老熟化蛹，7月中旬至8月上旬出现1代成虫，7月中下旬成虫进入产卵盛期，直到9月上中旬2代成虫进入产卵盛期，9月下旬至10月上中旬2～4龄幼虫进入越冬场所结茧越冬。成虫有趋光性，白天栖息在枝条背面，晚上出来活动，羽化多在下午、傍晚前后，飞翔活跃，深夜至凌晨取食、交尾、产卵。幼虫昼伏夜出且具有假死性，上盖黄色绒毛，一般在夜间取食危害，初孵幼虫有群集性，常将火龙果枝条和鳞片咬成缺刻、穿孔，或咬坏花器，或咬食刚谢花的幼果，白天潜伏在叶背或枝干背阴处，受惊时体蜷缩，直接落地或吐丝下垂。

防治方法：

（1）树干绑草。秋季（9月上中旬）幼虫越冬前，在水泥柱上绑草，诱集越冬幼虫，至翌年2月取下草环集中烧毁。

（2）冬季结合修剪清园。清除园内病虫枝和枯枝集中烧毁或深埋。

（3）摘除卵块。卵块由十几粒至上百粒聚在一起，摘掉一块等于消灭十几至上百头幼虫，因此在成虫产卵盛期人工摘除卵块防效较好。

（4）灯光诱杀成虫。利用成虫的趋光性，在火龙果园内悬挂黑光灯、频振式杀虫灯等诱杀成虫，减少产卵和幼虫数量。

（5）药剂防治。在越冬幼虫出蛰期及成虫发生盛期后3～7天，低龄幼虫未扩散危害前进行喷药防治。7～10天喷1次，连喷2～3次。以每天下午至傍晚前后喷药为宜，喷药时要喷匀，以不滴药液为准。可用药剂有4%高氯·甲维盐微乳剂500～600倍液、10%虫螨腈悬浮剂1000～1500倍液、1.8%阿维菌素乳油2500倍液、25%灭幼脲悬浮剂2000倍液等。

12.非洲大蜗牛

非洲大蜗牛（*Achatina fulica*），又名褐云玛瑙螺、非洲巨螺、菜螺、花螺等，属软体动物门（Mollusca）腹足纲（Gastropoda）柄眼目（Stylommatophora）玛瑙螺科（Achatinidae）玛瑙螺属

（*Achatina*），是目前为止世界上最大的蜗牛品种。该动物原产于非洲东部的马达加斯加，现已广泛分布于亚洲、太平洋、印度洋和美洲等地的湿热地区，在我国主要分布在广东、广西、云南、贵州、湖南、福建、香港及台湾等地，并对当地植物造成严重破坏。非洲大蜗牛既是农林生产的危险性有害生物，又是人畜寄生虫的中间宿主，可危害500多种农作物，亦可传播结核病和嗜酸性脑膜炎，对人类健康危害大。

形态特征：非洲大蜗牛贝壳大型，壳质稍厚，有光泽，呈长卵圆形。通常体长7～8厘米，最大20厘米，体重可达30克以上，螺层有断续的棕色条纹，壳高13厘米左右，宽5厘米左右，螺层为7～9个，螺旋部呈圆锥形。体螺层膨大，其高度约为壳高的3/4。壳顶尖，缝合线深。壳面为黄色或深黄色，带有褐色雾状花纹。胚壳一般呈白色。其他各螺层有断续的棕色条纹。生长线粗而明显，壳内为淡紫色或蓝白色，体螺层上的螺纹不明显，中部各螺层与生长线交错。壳口呈卵圆形，口缘简单、完整。足部肌肉发达，背面呈暗棕黑色，遮面呈灰黄色，其黏液无色。卵椭圆形，乳白色或淡青黄色，外壳石灰质，长4.0～7.0毫米，宽4.0～5.0毫米。幼螺为2.5个螺层，各螺层增长缓慢，壳面为黄色或深黄色，似成螺。

危害特点：雨水较多时发生普遍而且严重，火龙果的枝条、花和果实均可受到非洲大蜗牛的危害，造成缺刻或孔洞，影响枝条生长和外观品质（图2-29）。

图2-29　非洲大蜗牛危害枝条

生活习性：非洲大蜗牛1年发生3代。以成、幼螺在疏松土壤中、杂草堆下以及垃圾堆、土洞内等隐蔽的地方越冬。翌年3月，当气温回升到16℃、土壤含水量达60%以上时开始爬出来取食。4月下旬至5月上旬第1代开始交配，第2代、第3代分别于6月中下旬至7月上旬、8月中下旬至9月上旬开始交配，从交配到产卵需5～7天，产卵到孵化需7～10天。11月下旬至12月初，当遇14℃以下的持续降温天气时即吐蜡封口进入冬眠，越冬期3～4个月，暖冬年份越冬期较短，反之较长。非洲大蜗牛具有昼伏夜出性、群居性、喜阴湿环境，白天栖息于腐殖质丰富的垃圾、草丛、石缝、农作物茂密等潮湿、阴暗的环境中，也将卵产在这些地方，当地面过于干燥或过于潮湿时，往往爬到树上，躲在火龙果枝条背面和气生根上，夜晚8时开始爬出取食危害，夜晚9—11时是活动高峰，翌日清晨5时左右返回原居地或就近隐藏起来。交配时间在晚上9—11时，卵产于腐殖质多而潮湿的表土下1～2厘米的土层中或较潮湿的枯草堆、垃圾堆中，每头蜗牛产卵量150～300粒。初孵的幼螺不取食，3～4天后开始取食，5～6个月性成熟。

防治方法：

（1）对从疫区调运的花卉、苗木等植物以及包装物等要仔细检验检疫，发现蜗牛或其卵要进行灭害处理。

（2）根据非洲大蜗牛越冬场所和时间，发动群众在每年12月至翌年3月铲除非洲大蜗牛越冬栖息的杂草丛、垃圾、石缝等场所，每亩撒石灰300千克防治卵、幼螺及成螺，减少越冬虫源基数。

（3）人工防除。采取人工捕捉、统一收集的方法，用生石灰粉处理或开水烫死后集中深埋，或直接用生石灰粉撒施毒杀。

（4）药剂防治。在火龙果树盘上用15%四聚乙醛颗粒剂进行诱杀。

13.双线嗜黏液蛞蝓

双线嗜黏液蛞蝓（*Phiolomycus bilineatus*）属软体动物门腹

足纲柄眼目蛞蝓科的一种生物，又称无壳蜒蚰螺、鼻涕虫，主要分布在上海、江苏、浙江、安徽、湖南、广西、广东、云南、四川、贵州、河南等地，主要危害蔬菜、花卉、果树、粮食作物、食用菌等。

形态特征：双线嗜黏液蛞蝓是软体动物，成虫如同无壳的蜗牛，体长50～70毫米，宽120毫米，伸展时长可达120毫米。触角两对，暗灰色，下边一对较短，约1毫米，称前触角，有感觉作用；上边一对长约4毫米，称后触角，端部具眼。体裸露，无外套膜，体色灰黑色至深灰色，腹足底部为白灰色，体两侧各有一条黑褐色的纵线，全身满布腺体，爬行过后留下鼻涕状黏液。卵呈圆球形，宽2～3毫米，初产为乳白色，后变灰褐色，孵化前变黑色，产于土下、土面及沟渠上，呈卵堆，少则8～9粒，多则20多粒，卵粒互相黏附成块。初孵幼虫呈白色或白灰色，半透明，长2.5～3.5毫米，宽约1毫米，1周后体长增至3～5毫米，2周后增长到7～10毫米，两个月后可达20～30毫米，5～6个月后发育为成体。

危害特点：双线嗜黏液蛞蝓是常见的有害软体动物，全国均有分布，雨水较多时发生普遍，而且严重，火龙果的嫩梢、枝条、花和果实均可受到双线嗜黏液蛞蝓的危害。枝条受害，常被其吃成缺刻，影响枝条生长，被害果实布满锈斑，影响外观品质，失去商品价值（图2-30）。

图2-30　双线嗜黏液蛞蝓在枝条和果实上危害

生活习性：1年繁殖1~2代。以成体在树基部、土下、草丛、沟渠等处越冬。翌年2月开始出来活动取食，3月中旬开始交配产卵，4月中旬开始孵化为幼体，5—6月为幼体发生高峰期，也是全年虫口数量最多、危害最为严重的时期。7—8月高温，蛞蝓潜入地下蛰伏，8月下旬开始出现成体，9—11月为成体高峰期，12月开始入土越冬，但在最冷的1月仍有成体活动。双线嗜黏液蛞蝓喜栖息于潮湿、多腐殖质的农田、果园及庭院的花草丛、石块和落叶下。白天躲在荫蔽处，夜间爬出取食，雨后或阴雨天日间也可见活动，常见群集觅食。卵粒如暴露在日光下或干燥空气中会很快爆裂。土壤干燥时卵不能孵化。

防治方法：

（1）重点采取农业防治措施，包括清洁果园及周边环境、翻地晒土、中耕松土、合理施肥、控制湿度以及人工捕杀和诱杀等，实现主动防治，减少虫源基数。

（2）在田间撒施石灰，使虫体内水分外渗，从而杀死成虫。

（3）成虫危害初期进行药剂防治，于下午喷10%高效氯氰菊酯乳油800~1 000倍液，也可在火龙果树盘上用15%四聚乙醛颗粒剂直接杀死成虫。

14.陆马蜂

陆马蜂〔*Polistes rothneyi grahami*（Vecht）〕属膜翅目（Hymenoptera）胡蜂科（Eumenidae）马蜂属（*Polistes*），分布于黑龙江、吉林、辽宁、河北、山东、江苏、浙江、四川、贵州、福建、广东等地，是一种捕食性强的社会性昆虫。

形态特征：头稍窄于胸部；复眼间有1条黑色横带，其下为橙黄色；颅顶部中间有2条并列橙色带；颊两侧及复眼后均为橙色；触角柄节背面黑色，腹面橙色；上颚短而宽，橙黄色，端齿黑色。前胸背板周边呈黄色颈状突起，中部两侧各有1个黑色小三角斑，2个下角黑色，其余均为橙黄色；中胸背板中央两侧各有1个橙黄色纵斑；并胸腹节端部节状，黑色，背中央及两侧各有1个橙黄色纵带状斑；中胸侧板黑色，其上部中央及下侧后方各有1个橙黄色斑。翅棕色，前翅前缘颜色略深。胸部腹板黑色。3对足基节、转节黑色；前股节端部橙黄色；中股节基部2/3黑色，端部橙黄色；后股节黑色；各足具爪垫。腹部第1节背板端部黄褐色，每侧各有1个橙黄色斑；第2至第5节背板两侧有2条略凹陷的橙黄色横带，第2至第5节腹板也有类似于背板的橙黄色斑，横带自第2至第5节逐渐加宽与橙黄色斑相连；第6节背、腹板近似三角形，橙黄色。雌蜂近似雄蜂，中胸腹板和胸腹侧片前缘黄色。各足有黑黄相间斑纹。触角黑褐色，端部附近橙黄色。

危害特点：以针状口器刺吸火龙果枝条和鳞片汁液，致刺吸孔周围形成褐色斑点，影响枝条生长和果实外观品质，削弱树势（图2-31）。

图2-31　陆马蜂危害枝条

生活习性：陆马蜂1年可发生3代，并有世代重叠现象。每年秋末，陆马蜂以交尾后的受精雌蜂在隐蔽场所成团越冬，于翌年春季4月初，气温达15℃左右时开始散团。每头越冬雌蜂分别出蛰活动，常于树枝等处自建一巢，自身为该巢蜂后，出蛰期可长达34天，4月末、5月初气温达17℃左右时，蜂后开始产卵，5月中旬巢内出现第1代幼虫，5月下旬蜂巢中老熟幼虫化蛹，6月上中旬第1代成蜂出现，绝大部分为受精卵发育的雌性工蜂，少数为未受精卵发育的雄性工蜂，接替蜂后建巢、饲喂幼虫，并担负外出捕食及保卫蜂巢的职能。同一蜂巢内的少数第1代雄蜂可与同代雌性工蜂交配，使雌工蜂受精而成为当年的新蜂后。这些蜂后可离开原巢外出另建新巢，并产下当年第2代卵。也有新蜂后留在原巢产卵不外出另建新巢。第2代成蜂除少数为雄蜂外，大部分为雌性工蜂。第3代成蜂最早出现于8月上旬。当气温降至10℃时，新受精的第3代雌蜂离巢寻觅隐蔽场所抱团越冬。通常在9月上旬至10月下旬全部进入越冬状态。陆马蜂的卵期约7天，幼虫期约10天，蛹期约13天，每月约可发生1代。蜂巢中蜂后陆续产卵，可形成不同发育期的幼虫、蛹、成蜂和卵同时并存的现象。越冬蜂后在产下最后一批卵后就死亡，其寿命最长达1年左右。雌性工蜂寿命为2~4个月；雄蜂在交尾后不久死亡，寿命2个月左右。

防治方法：

（1）驱除蜂巢。对果园附近的蜂巢早发现早除掉。低处的可在晚上用肥料袋捕捉集中杀死，高处的可在晚上用竹竿绑火把焚烧，或用火焰器喷烧。注意要保护头部和脖颈免遭蜂蜇。

（2）对火龙果果实进行套袋处理，既可以防止陆马蜂的危害，又可以减少果面污染、避免农药残留，从整体上提高果品质量。

（3）诱杀。采用糖、酒、醋和水（1：1：3：10）或用病虫烂果代替糖再加入少量胃毒剂配成糖醋液，将配成的糖醋液盛在碗、瓶或盆内挂于火龙果枝条或水泥柱上，此外用黑光灯诱杀也可以起到很好的效果。

15.双齿多刺蚁

双齿多刺蚁〔*Polyrhachis dives*（Smith）〕又称拟黑多刺蚂蚁，俗称大黑蚁，属膜翅目蚁亚科。双齿多刺蚁为肉食、植食兼有种类，喜食蚜虫分泌的蜜露，小型节肢动物尤其是多种昆虫成虫的残弱体，多种食叶害虫、鳞翅目小龄幼虫，也取食植物腺体分泌的甜质物。

形态特征：成虫工蚁体长5.28~6.30毫米，体黑色，有时带褐色，爬行时腹部呈银灰色。触角着生处远离唇基。前胸背板前侧角、并胸腹节背板处各具2个长刺。前胸背板刺伸向前外侧，略向下弯。并胸腹节背板刺直立，相互分开，弯向外侧。腹柄结顶端两侧角各具一弯向后腹部的长刺，刺基间中央有2枚短钝齿，后腹部短。全身密被浅黄色柔毛，头部毛较稀疏，后腹呈银灰色。雌蚁体长8.62～9.77毫米，头较小，具3只单眼，唇基前缘中央凹入。前胸背板刺很短，胸部和腹柄结均无背刺。

危害特点：双齿多刺蚁群集危害火龙果幼嫩芽梢、花和果实。被蚂蚁取食危害过的幼嫩组织呈凹陷状，严重时嫩芽不能抽发，果实发育不良，容易感染其他病害，被双齿多刺蚁危害的果实上布满丝网（图2-32）。

图2-32　双齿多刺蚁在嫩梢和果实上危害

生活习性：双齿多刺蚁的生活史有卵、幼虫、蛹和成虫4个阶段，完成1个世代需40～60天，是完全变态昆虫。一年春、夏、秋、冬四季蚁巢内均发现同时有卵、幼虫、蛹和成虫。卵期10～13天，幼虫期30～40天，蛹期7～10天。每年3—10月为成蚁活动的盛期，其中4—8月是该蚁上树造巢最旺盛的时期。成虫于12月上旬越冬，翌年3月上旬开始上树造巢。为抵御不良环境和气候，常在树根周围或土穴洞口、石隙下造巢栖居越冬。在越冬期间，当日气温降至8～10℃时停止外出活动，当日平均气温降至7℃时，下土深10厘米栖居，气温越低，下土越深，可深达30～40厘米。

防治方法：

（1）喷雾。用4.5%高效氯氰菊酯水乳剂2 000倍液或22.4%螺虫乙酯悬浮剂3 000～4 000倍液喷雾，喷雾见效快，但是防治范围有限，喷到的地方接触药液的蚂蚁会迅速死亡。

（2）毒饵诱杀。用50%辛硫磷乳油500倍液喷洒在麦麸上，充分搅拌均匀，再用蜂蜜0.5千克兑水1.5千克洒在上面，制成毒饵，把它撒在蚂蚁出没的地方。毒饵的优势在于蚂蚁会将毒饵搬运到蚁穴供其他蚂蚁食用，这样毒饵的杀伤范围就会扩大，几乎可以一网打尽。

16.赤斑沫蝉

赤斑沫蝉［*Callitetix versicolor*（Fabricius）］属同翅目沫蝉科，分布范围包括浙江、河南、陕西、广东、广西、云南、四川、贵州、福建等地，主要危害水稻，也危害高粱、玉米、粟、甘蔗、油菜等其他作物。

形态特征：赤斑沫蝉的雌性成虫体形略大于雄性，其身体的长度为11～13.5毫米，宽度为4～4.5毫米。头冠稍凸，复眼黑褐色，单眼黄红色。颜面凸出，密被黑色细毛，中脊明显。前胸背板中后部隆起。足长，前足腿节特别长。小盾片三角形，中部有1个明显的菱形凹斑。有2对翅膀，呈梯形排列，前翅漆黑有光泽，较平展，近基部有2个白色大斑点，近端部雄性有1个肾状大红斑，雌性有2个大小不等的红斑。雌体腹部短而圆，尾部末端略尖。一般以红斑和腹部末端的形状来对雌雄个体进行区分。卵长椭圆形，刚产下时呈乳白色，随着时间的推移颜色不断加深；外形略微弯曲，两头大小不均，总长约1毫米，宽度约0.3毫米。若虫刚刚孵化出来时呈乳白色，其复眼为鲜红色。随着若虫的成长其颜色逐渐变黄直至深黑，其复眼颜色也会逐渐向黑褐色靠近。若虫的龄期共5龄，体表颜色随龄期增长而逐渐加深。体表四周具泡沫状液。

危害特点：以针状口器刺吸火龙果枝条和鳞片汁液，致刺吸孔周围形成黄色斑点，影响枝条生长，削弱树势（图2-33）。

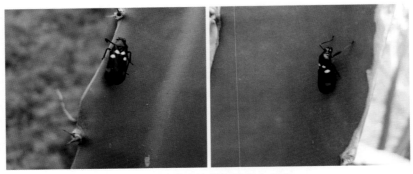

图2-33　赤斑沫蝉在枝条上危害

生活习性：赤斑沫蝉1年发生1代，一般将卵产在土壤或泥缝中越冬，于翌年的5月上中旬开始孵化。若虫常分泌泡沫状物，遮住身体进行自我保护。等到若虫成长到第4龄的阶段或是很快就要成为成虫时就会集体移居到植物叶片上面。赤斑沫蝉羽化前爬至土表，6月中旬羽化为成虫，羽化后3～4小时即可危害水稻、高粱、玉米和其他包括火龙果在内的植物，7月危害重，8月以后成虫数量减少，11月下旬终见。每雌产卵164～228粒。卵期10～11个月，若虫期21～35天，成虫寿命11～41天。赤斑沫蝉通过刺吸植物的汁液为生，是夜伏昼出的昆虫，其飞行速度较快，跳跃能力强，感觉灵敏，单手不易进行捕捉。当阳光充足时，成虫一般会在背阴处栖息，下午1—7时进行交尾，交尾一般会持续4个小时以上。赤斑沫蝉的若虫最初的活动范围是在田地周边，主要食物来源是杂草，但随着虫体的不断生长，种群逐渐向田地中央迁移，并危害到农作物的生长。

防治方法：

（1）保护和利用天敌。

（2）赤斑沫蝉通常都会在上午10时之前和下午4时之后进行进食活动，所以对其进行防治的最佳时间是在下午5时以后。每亩可以选用0.6%乙基多杀菌素悬浮剂1 500 ~ 2 000倍液、25%甲维·灭幼脲1 000 ~ 1 500倍液或5%高效氯氟氰菊酯乳油2 000倍液进行喷雾，防治火龙果园时应将周边杂草一起喷雾防治。

17. 变侧异腹胡蜂

变侧异腹胡蜂［*Parapolybia varia*（Fabricius）］属胡蜂科异腹胡蜂属的一种昆虫，主要分布在重庆、江苏、湖北、台湾、广东、广西、云南等地。

形态特征：变侧异腹胡蜂成虫体长12 ~ 17毫米，体色黄褐色，体形较其他长脚蜂细长；腹部前方腰身细，后方较圆。头与胸宽略等，两触角之间隆起呈黄色。翅浅棕色，前翅前缘色略深。前足基节黄色，转节棕色，其余黄色。腹部第1节长柄状，背板上部褐色，第2节背板深褐色，两侧具黄色斑。

危害特点：以针状口器刺吸火龙果果实鳞片和枝条汁液，致果实鳞片和枝条表面形成褐色斑点，影响枝条生长和果实外观品质，削弱树势（图2-34）。

图2-34　变侧异腹胡蜂在花苞和枝条上危害

生活习性：成虫除冬季外，生活在中海拔以下山区。常在低矮灌木丛间筑巢，受振动骚扰时会有少数工蜂出击。一般在12～13℃时出蛰活动，16～18℃时开始筑巢，秋后气温降至6～10℃时越冬。春季中午气温高时活动最勤，夏季中午炎热时常暂停活动，晚间归巢不动。变侧异腹胡蜂有喜光习性，风力在3级以上时停止活动，空气相对湿度在60%～70%时适于活动，雨天停止外出。变侧异腹胡蜂嗜食甜性物质。在500米范围内，胡蜂可明确辨认方向，顺利返巢，超过500米则常迷途忘返。

防治方法：

防治方法同陆马蜂。

18.小地老虎

小地老虎［*Agrotis ypsilon*（Rottemburg）］属鳞翅目夜蛾科切根夜蛾亚科，又名土蚕、切根虫，对植物幼苗危害很大，轻则造成缺苗断垄，重则毁种重播。

形态特征：成虫体长16～23毫米，翅展42～54毫米，体灰褐色，前翅上有肾形斑，肾形斑外侧有一个明显的尖端向外的长三角形黑斑，亚外缘上还有2个尖端向内的三角形黑斑。头部与胸部褐色至黑灰色，雄蛾触角双栉形，栉齿短，端部1/5线形；下唇须斜向上伸，第1、2节外侧大部分黑色带少许灰白色；额光滑，无凸起，上缘有1条黑条；头顶有黑斑，颈板基部色暗，基部与中部各有1条黑色横线；下胸淡灰褐色，足外侧黑褐色，胫节及各跗节端部有灰白斑。腹部灰褐色，前翅棕褐色，前缘区色较黑，翅脉纹黑色，基线双线黑色、波浪形，线间浅褐色，自前缘达1脉，内线双线黑色、波浪形，在1脉后外凸。剑纹小，暗褐色，黑边；环纹小，扁圆形，或外端呈尖齿形，暗灰色，黑边；肾纹暗灰色，黑边，中有一黑曲纹，中部外方有一楔形黑纹伸达外线。中线黑褐色，波浪形；外线双线黑色，锯齿形，齿尖在各翅脉上断为黑点；亚端线灰白，锯齿形，在2～4脉间呈深波浪形，内侧在4～6脉间有2条楔形黑纹，内伸至外线。外侧有2个黑点，外区前缘脉上有3个黄白点，端线为1列黑点，缘毛黄褐色，有1列暗点。后翅半透明白色，翅脉褐色，前缘、顶角及端线褐色。

卵直径约0.6毫米，半球形，初产时乳白色，孵化前变为灰褐色。

幼虫体长37～44毫米，体黄褐色或暗褐色，体表粗糙，密布大小不等的黑色颗粒，头部褐色，有不规则的黑色网纹，臀板黄褐色，上有深色纵带2条。

蛹黄褐色至暗褐色，有光泽，长18～24毫米，腹部末端有1对较短的黑褐色粗刺（图2-35）。

图2-35　小地老虎幼虫

危害特点：1～2龄幼虫昼夜均可群集于火龙果嫩梢上取食，这时食量很小，危害也不十分显著。3龄后分散危害，幼虫行动敏捷，有假死习性，对光线极为敏感，受到惊扰即蜷缩成团，白天潜伏于表土的干湿层之间，夜晚出土危害嫩梢，形成缺刻或孔洞，食物不足或寻找越冬场所时有迁移现象。5～6龄幼虫食量大增，严重时每条幼虫一夜能啃食1枝嫩梢，取食量占整个幼虫期的95%左右。幼虫3龄后对药剂的抵抗力显著增强，因此，药剂防治一定要掌握在3龄以前。3月末至4月中旬是第1代幼虫危害的严重时期（图2-36）。

图2-36　小地老虎危害状

生活习性：小地老虎以幼虫越冬，2月下旬至3月下旬幼虫开始危害。成虫白天潜伏在土缝、杂草、火龙果气生根等隐蔽处，晚上进行觅食、交尾、产卵等活动，其中以晚上10时前活动最盛。大风夜晚不活动，当土壤温度达4～5℃时，在小范围内有少量成虫活动，当平均温度在10℃以上时，成虫活动范围大、数量多。成虫有很强的趋光性，喜食糖、醋等酸甜味食物。成虫补充营养后3～4天交尾产卵，卵散产在杂草、火龙果气生根以及土缝中。每头成虫平均产卵500～1 000粒，多的达2 000粒，产卵量的多少与幼虫期的食料多少和成虫期补充营养的质量呈正相关。一般卵期为5天左右。幼虫共6龄。1～2龄幼虫群集在杂草、嫩梢处日夜取食危害。3龄幼虫后开始分散，白天潜伏在杂草、根部周围土壤中，夜间出来活动，4龄幼虫后食量大增。3龄幼虫后有假死性、自残性和迁移性。当食料缺乏或环境不适时，幼虫夜间迁移危害。幼虫老熟后，大多转移到田埂、地边、杂草根旁较干燥的4厘米深土壤内筑土室化蛹。一般地势低凹、土壤含水量大、杂草丛生、管理粗放的果园发生重。

防治方法：

（1）除草灭卵。多数成虫会把卵产在田间杂草上，应及时铲除田间、地头、渠道、路旁的杂草，消灭虫卵及幼虫寄生的场所。不施未腐熟的有机肥，以防止吸引成虫产卵。对高龄幼虫也可在清晨到田间检查，如果发现有咬断的新梢，拨开附近的土块，进行人工捕杀。

（2）利用小地老虎幼虫对泡桐树叶的趋向性，可诱捕幼虫。取较老的泡桐树叶，用清水浸湿后，于傍晚放在田间，每亩放80～120片树叶，第2天一早掀开树叶，查看幼虫。如果将泡桐树叶先放入90%敌百虫晶体150倍液中浸透，再放到田间，可将小地老虎幼虫直接杀死，药效可持续7天左右。对不同龄期的幼虫应采用不同的施药方法。幼虫3龄前抗药性差，且暴露在植物或地表面上，是喷药防治的适期，用喷雾、喷粉或撒毒土的方法进行防治；幼虫3龄后，可用毒饵或毒草诱杀，效果较好。

（3）当发现被害虫咬断的残体而又没有捉到害虫时，用90%敌百虫晶体1 000倍液灌在植株周围的土壤中，可防治小地老虎幼虫。

（4）喷药防治。每亩用20%杀虫双水剂600～700倍液，傍晚对被害果园进行全园喷雾。

（5）诱杀成虫。利用小地老虎的趋光性和趋化性，用黑光灯和糖醋液在成虫发生期进行诱杀，糖醋液比例为糖∶醋∶水＝1∶3∶10，加少许杀虫剂和白酒。

主要参考文献

巴良杰，曹森，马超，等，2020. 采前喷钙处理对火龙果贮藏品质的影响 [J]. 食品科技，45(8): 50-55.

巴良杰，罗冬兰，杨飒，等，2018. 热处理对采后火龙果低温贮藏期生理指标的影响 [J]. 中国南方果树，47(6): 39-44.

崔志婧，王奕文，于岳，等，2011. 上海市进口火龙果软腐病病害分析 [J]. 微生物学通，38(10): 1499-1506.

董阳辉，钱剑锐，徐佩娟，2008. 双线嗜黏液蛞蝓的发生规律与防治 [J]. 江苏农业学报，20(1): 37-38.

冯殿黄，闫振领，1996. 斑须蝽的初步研究 [J]. 山东农业科学 (2): 22.

高源，周春香，杨丽芬，等，2017. 小桐子叶斑病菌塔宾曲霉的生物学特性研究 [J]. 云南农业大学学报，32(4): 600-605.

郭俊，赖新朴，王自然，等，2022. 橘小实蝇在不同品种柑橘园的发生动态及其防控 [J]. 湖南农业科学 (2): 77-80.

郭书普，2010. 新版果树病虫害防治彩色图鉴 [M]. 北京：中国农业大学出版社.

和美艳，2017. 小地老虎对玉米的危害及其防治对策 [J]. 农业工程技术，37(29): 21-22.

姬朝霞，2014. 伊川县赤斑黑沫蝉危害及其综合防治 [J]. 河南农业 (18): 42-45.

蒋小龙,和万忠,肖枢,等,2001.橘小实蝇在云南边境生物学研究及适生性分析[J].西南农业大学学报(自然科学版),23(6):510-513,517.

李敏,胡美姣,高兆银,等,2012.海南火龙果采后病害调查及防治技术研究[J].中国热带农业(6):42-44.

李敏,胡美姣,高兆银,等,2012.一种火龙果腐烂病病原菌鉴定及生物学特性研究[J].热带作物学报,33(11):2044-2048.

李敏,胡美姣,薛丁榕,等,2013.火龙果黑斑病菌[*Bipolaris cactivora*(Petrak)Alcorn]生物学特性研究[J].热带作物学报,34(9):1770-1775.

李永祥,2016.斜纹夜蛾的发生规律与防治措施[J].吉林农业(7):92.

连龙浩,2014.火龙果最适贮藏条件及其冷害发生机制研究[D].福建:福建农林大学.

梁昕,2015.桃树蚜虫的发生与防治[J].现代农村科技(14):28.

林珊宇,贤小勇,韦小妹,等,2018.广西火龙果采后病害主要病原菌分离与鉴定[J].中国南方果树,47(2):6-12.

刘缠民,马捷琼,2007.不同温度对双齿多刺蚁养殖及其保护酶系的影响[J].徐州师范大学学报(自然科学版)(1):72-74.

柳凤,欧雄常,詹儒林,等,2018.火龙果赤斑病病原菌的分离与鉴定[J].中国植保导刊,38(8):19-22,42.

彭清富,黄增富,彭秀辉,等,2013.龙山县柑橘同型巴蜗牛的发生规律及防治措施[J].现代农业科技(11):156.

秦厚国,汪笃栋,丁建,等,2006.斜纹夜蛾寄主植物名录[J].江西农业学报,18(5):51-58.

任国荣，戴建兵，2010. 外来生物入侵中国 [M]. 北京：中国农业出版社 .

施仕胜，2010. 赤斑沫蝉在水稻上的危害及综合防治 [J]. 现代农业 (8): 35.

司有奇，苏意明，张承明，等，2015. 黔南本草下 [M]. 贵阳：贵州科技出版社 .

唐美君，郭华伟，姚惠明，等，2021. 茶园害虫天敌新记录——陆马蜂 [J]. 中国植
保导刊，41(1): 70.

田世平，2001. 园艺产品采后病害及防治 [M]. 北京：中国农业大学出版社 .

田怡，2015. 基于转录组数据库的桔小实蝇 sHSP 基因的挖掘及功能分析 [D].
重庆：西南大学 .

王金水，张建文，范会鲜，2007. 桃树桑白蚧的发生与防治 [J]. 河北果树 (3): 44-45.

王林瑶，等，1995. 药用昆虫养殖 [M]. 北京：金盾出版社 .

王彦男，奚耕思，杨栋梁，2016. 拟黑多刺蚁生活史研究及幼虫龄期划分 [J]. 西
北农林科技大学学报 (自然科学版), 44(3): 167-172.

韦党扬，马骁，李兴忠，等，2011. 黔西南地区火龙果园桃蛀螟的发生及防治 [J].
中国果树 (6): 74.

魏治钢，赵莉，杨森，2010. 桑白蚧的研究进展 [J]. 新疆农业科学，47(2): 334-339.

吴豫，2016. 榕江县小地老虎发生特点及防治措施 [J]. 植物医生，29(5): 62-63.

吴佳教，梁帆，梁广勤，2009. 实蝇类重要害虫鉴定图册 [M]. 广东：广东科技出
版社 .

谢国芳，谢玲，范宽秀，等，2019. 生长期喷施抑菌剂对紫红龙火龙果采后品质
的影响 [J]. 云南农业大学学报 (自然科学), 34(4): 663-670.

谢琦，张润杰，2005. 橘小实蝇生物学特点及其防治研究概述 [J]. 生态科学，
24(1): 52-56.

徐姗姗，刘娟娟，李铁钢，等，2016. 桃蛀螟发生规律及防治方法 [J]. 河北果树 (1): 48.

徐志华，2006. 园林花卉病虫害生态图鉴 [M].北京：中国林业出版社.

杨诚，2014. 白星花金龟生物学及其对玉米秸秆取食习性的研究 [D]. 山东：山东农业大学.

易润华，甘罗军，晏冬华，等，2013. 火龙果溃疡病病原菌鉴定及生物学特性 [J]. 植物保护学报，44(2): 103-108.

于思勤，孙元蜂，1993. 河南农业昆虫志 [M].北京：中国农业科学技术出版社.

玉新爱，杨昌鹏，吴琳，等，2016. 复合涂膜处理对火龙果常温贮藏品质的影响 [J]. 保鲜与加工，16(1): 35-39.

袁诚林，张伟锋，袁红旭，2004. 粤西地区火龙果病害调查初报及防治措施 [J]. 中国南方果树，33(2): 49-50.

张继祖，徐金汉，1996. 中国南方地下害虫及其天敌 [M].北京：中国农业出版社.

赵杰，赵宝明，2019. 梨树栽培与病虫害防治 [M]. 上海：上海科学技术出版社.

赵仲苓，2003. 中国动物志 昆虫纲 第三十卷 鳞翅目 毒蛾科 [M]. 北京：科学出版社.

郑樊，徐刚，仇芳，等，2019. 海南省火龙果软腐病病原菌的鉴定及生物学特性 [J]. 植物保护，45(4): 137-142.

周成，卫强，吕斌，等，2014. 火龙果炭疽病鉴别及综合防治技术 [J]. 植物保护，57(2): 75-76.

周卫川，2002. 非洲大蜗牛及其检疫 [M]. 北京：中国农业出版社.

周卫川，2006. 非洲大蜗牛种群生物学研究 [J].植物保护，32(2): 86-88.

朱迎迎, 陈亮, 祝庆刚, 等, 2014. 火龙果采后病害与防控技术研究进展[J]. 中国热带农业(4): 55-58.

朱迎迎, 高兆银, 李敏, 等, 2016. 火龙果镰刀菌果腐病病原菌鉴定及生物学特性研究[J]. 热带作物学报, 37(1): 164-171.

朱迎迎, 李敏, 高兆银, 等, 2016. 火龙果炭疽病病原菌的鉴定及生物学特性研究[J]. 南方农业学报, 47(1): 59-66.

Hernndez-Valencia, Carmen G, Romn-Guerrero, et al., 2019. Cross-linking chitosan into hydroxypropyl methylcel lulose for the preparation of neem oil coating for postharvest storage of pitaya (*Stenocereus pruinosus*) [J]. Molecules, 2(24): 2-21.

Wall M M, Khan S A, 2008. Posharvest quality of dragon fruit (*Hylocereus* spp.) after X-ray irradiation quarantine treatment[J].Hort Science, 43(7): 2115-2119.

Wei Zheng, Bin Wang, et al., 2016. Efficacy test of different insecticides on *Pseudaulacaspis pentagona* infecting pitaya[J]. Agricultural Science & Technology, 17(8): 1926-1928, 1955.

图书在版编目（CIP）数据

火龙果病虫害防治原色图谱/郑伟主编．—北京：中国农业出版社，2023.5
ISBN 978−7−109−30680−6

Ⅰ.①火… Ⅱ.①郑… Ⅲ.①热带及亚热带果－病虫害防治－图集 Ⅳ.①S436.67−64

中国国家版本馆CIP数据核字（2023）第077496号

中国农业出版社出版
地址：北京市朝阳区麦子店街18号楼
邮编：100125
责任编辑：黄　宇　文字编辑：王禹佳
版式设计：杨　婧　责任校对：吴丽婷　责任印制：王　宏
印刷：中农印务有限公司
版次：2023年5月第1版
印次：2023年5月北京第1次印刷
发行：新华书店北京发行所
开本：880mm×1230mm　1/32
印张：3
字数：84千字
定价：25.00元